AF304324

René Friedrich

La gravité quantique sans peine

Sept essais sur la relativité d'Einstein

Information bibliographique de la Bibliothèque nationale allemande (Deutsche Nationalbibliothek): La Bibliothèque nationale allemande répertorie cette publication dans la bibliographie nationale allemande. Le détail des données bibliographiques peut être consulté sur internet à l'adresse dnb.dnb.de

Sommaire

Chapitre 1
Introduction : La relativité restreinte, en bref **9**

Comment expliquer la théorie d'Einstein de la relativité restreinte de manière simple ? Le chapitre 1 propose une introduction à une matière pas très compliquée qui, toutefois, est souvent mal comprise. L'accent est mis sur les aspects qui seront essentiels à la compréhension des chapitres suivants.

Chapitre 2
La nature du temps **31**

Le temps, qu'est-ce que c'est exactement ? Jusqu'à nos jours, la question de la nature du temps n'a toujours pas été résolue, et il y a un grand nombre d'approches qui font souvent même appel à des considérations philosophiques. Au chapitre 2, la notion du temps est dérivée à partir de deux équations de la relativité restreinte.

Comment est-il possible qu'aucune des théories actuelles de la gravité quantique ne fonctionne ? Le chapitre 3 apporte la réponse : Elles sont toutes basées sur le concept erroné d'un continuum d'espace-temps.

Comment faire harmoniser la gravitation avec la mécanique quantique ? Après les explications du dernier chapitre pourquoi les théories existantes doivent échouer, le chapitre 4 propose la solution qui devient presque une évidence.

Comment fonctionnent les trous noirs ? Il est généralement supposé qu'une théorie de la gravité quantique fournira la réponse à plusieurs problèmes non résolus. Cependant, le chapitre 5 démontre que les trous noirs ont été mal compris jusque-là, et qu'ils révèlent des informations précieuses sur la structure de notre univers.

Répulsion gravitationnelle ? Oui, elle existe bien, et elle joue un rôle important. Au chapitre 6, les deux interactions gravitationnelles sont décrites comme simples forces, basées à nouveau sur la loi newtonienne de la gravitation qui s'avère être une loi précise, nécessitant seulement quelques aménagements pour bien s'intégrer dans la relativité générale.

Comment est-il possible qu'un photon qui interfère comme une onde puisse transmettre des caractéristiques des particules ? En général, cette dualité onde-particule est supposée relever de la physique quantique. Cependant, le chapitre 7 démontre que la relativité restreinte suffit pour comprendre le cas limite des photons dans le vide.

Avant-propos

Rien ne va plus pour la physique théorique : L'éternel problème de la gravité quantique paraît insurmontable. La question de savoir comment mettre en harmonie le microcosme des particules élémentaires avec le macrocosme des objets tangibles et de l'univers absorbe actuellement des ressources personnelles et financières considérables, mais il semble malheureusement que la pratique courante d'élaborer des modèles mathématiques et des théories de plus en plus complexes, l'un en contradiction avec l'autre, soit plus éloignée que jamais d'un quelconque retour sur investissement. Tant que ce problème n'est pas résolu, la relativité générale s'avère incomplète, car elle se trouve en contradiction flagrante avec les résultats expérimentaux de la mécanique quantique.

La situation est grave, mais pas désespérée !

La physique, c'est simple !

C'est cela le message de ce livre. Certains n'y croient pas, mais d'autres s'en sont toujours doutés : L'univers n'a pas été créé par des mathématiciens, il repose plutôt sur des principes élémentaires.

Cette devise sera largement confirmée ici, car nous

démontrerons que pour un nombre important de questions ouvertes de la physique théorique, la solution n'est pas obtenue avec des modèles mathématiques mais moyennant le nouvel examen sans préjugés des hypothèses de base de la physique. Les nouvelles solutions proposées ici ne sont pas des théories spéculatives mais des indications très concrètes, basées directement sur le savoir existant, obtenues en réexaminant les hypothèses sous-jacentes aux problèmes et en identifiant les incohérences cachées, ouvrant ainsi la voie à des solutions qui pourront être comprises par toute personne intéressée par la physique.

La curiosité du grand public est immense : Une large audience souhaiterait recevoir plus d'informations de la part des institutions établies, sur les nouveaux développements de notre savoir concernant les lois physiques régissant notre univers. Malheureusement, les nouvelles découvertes en physique théorique sont extrêmement rares, elles semblent disparaître derrière les découvertes un peu plus fréquentes de la physique expérimentale et de l'astronomie, et au lieu de résultats concrets, la physique théorique fournit des questions non résolues, des théories, des modèles mathématiques et de la spéculation. Les livres, les conférences et les informations sur internet sur la physique théorique ont souvent un arrière-goût poussiéreux et démodé - qui ne la connait pas, ce genre de littérature bien intentionnée de la science populaire qui décore les anciennes découvertes de la physique théorique avec les photos en noir et blanc des pionniers d'autrefois, comme si la physique "n'avait eu lieu qu'à l'époque du cinéma muet". Aujourd'hui, ce défaut d'attractivité pousse à la prolifération des descriptions accrocheuses pour un public de masse où les phénomènes physiques sont réduits à des messages triviaux, émotionnels et tape-à-l'œil, et c'est cela la pauvre image que véhicule la physique théorique aujourd'hui.

Dans ce contexte, le présent ouvrage s'adresse aux personnes intéressées par la physique qui cherchent des idées innovantes. Après un chapitre introductif avec un résumé des bases de la relativité restreinte, les six chapitres suivants proposent des idées pour la solution de toute une série des questions les plus importantes non résolues de la physique théorique. Il ne s'agit ni de spéculation ni du remplacement des anciennes théories par des nouvelles théories.

La gravité quantique en est un exemple : Il s'avère - comme on aurait pu s'y attendre - que le "concept passerelle" recherché pour permettre la transition entre la mécanique quantique et la relativité générale n'est pas plus compliqué que les deux théories à concilier. Le **chapitre 3** démontre de façon détaillée que les théories courantes de la gravité quantique reposent sur une fausse hypothèse de Minkowski en 1908 qui n'a pas été remise en question par la suite. Sur la base de ce constat, il est démontré au **chapitre 4** que la mécanique quantique et la relativité générale vont parfaitement ensemble, sans besoin d'aucune nouvelle théorie.

Ainsi, des sujets qui étaient jusqu'à présent réservés à un cercle restreint de physiciens et de mathématiciens hautement spécialisés deviennent accessibles à tout ceux qui s'intéressent à la physique. Cependant, avant de commencer, le lecteur devrait être familiarisé avec la relativité restreinte, car un bon nombre des affirmations dans ce livre se réfèrent à ses principes de base. Bien que le chapitre préliminaire rappelle ces principes, c'est seulement avec des connaissances de fond d'autres sources que le lecteur disposera de la capacité de discernement requise pour se former son propre jugement indépendant.

Mieux vaut laisser la physique aux experts !

Malheureusement, l'auteur n'est pas un expert reconnu dans les matières abordées. Pourquoi ne pas laisser ce travail à des professionnels compétents ? La réponse, c'est qu'il aurait bien préféré le faire. Avant d'écrire ce livre, il s'était approché de deux institutions de physique pertinentes afin d'initier (contre paiement et selon leurs conditions) un projet de recherche par rapport au **chapitre 3** - la vérification de l'hypothèse de la continuité de l'espace-temps sur laquelle sont basées les théories actuelles de la gravité quantique. Il n'a même pas reçu de réponses à sa proposition, et même au moment de la publication de ce livre, il est toujours à la recherche d'une institution appropriée. C'est regrettable, mais c'est la liberté académique qu'il faut accepter.

L'auteur, livré à lui-même avec ses propos, n'avait donc pas d'autre choix que de prendre en main le sort de ses idées, pour éviter qu'elles ne se perdent. Cette tâche lui était possible parce que son travail se limitait à l'utilisation pertinente et/ ou la remise en question du savoir déjà existant, sans développer de nouvelles théories. Il va de soi qu'il apprécie avec gratitude toute sorte d'information et d'expertise par rapport aux erreurs dans ce livre et aux suggestions d'amélioration.

René Friedrich

Chapitre 1
La relativité restreinte, en bref

Pour commencer, voici une brève introduction aux principes de base de la relativité restreinte qui seront utilisés dans les chapitres suivants. Comme nous le verrons, même la solution du problème de la gravité quantique proposée au **chapitre 4** repose sur la structure fondamentale de la relativité restreinte.

Pour tous ceux qui sont déjà familiers avec ses grandes lignes, le contenu de ce livre sera d'un intérêt particulier, car ils seront en mesure de reconnaître les différences par rapport aux concepts traditionnels actuellement enseignés. Pour ceux qui souhaitent rattraper leur retard - avant ou pendant la lecture de ce livre - on ne peut que les encourager, car le niveau de difficulté de la relativité restreinte est limité, il ne manque pas de littérature appropriée, et ses principes sont une base importante pour la compréhension générale de notre univers.

L'ensemble de la relativité restreinte est basée seulement sur deux postulats :

1. <u>Le principe de relativité :</u> Les lois de la physique sont les mêmes pour tous les systèmes en mouvement uniforme (référentiels inertiels).

2. <u>La constance de la vitesse de la lumière :</u> La vitesse

de la lumière c est la même pour tous les observateurs.

Le <u>principe de relativité</u> avait été décrit pour la première fois par Galilée en 1632, à l'aide d'une expérience de pensée : Dans un navire voyageant à vitesse constante, dans une pièce située sous le pont et dépourvue de fenêtres, divers processus physiques ont lieu, et les passagers ne sont pas en mesure de juger si le navire est stationnaire ou en mouvement car les objets ainsi que les processus physiques ne sont pas affectés par le mouvement du navire.

Dans cet exemple, il y a deux systèmes indépendants en mouvement uniforme, deux référentiels inertiels, le référentiel de la Terre et celui du navire. La vitesse du navire correspond à la vitesse relative v entre les deux référentiels, et fondamentalement il n'y a aucune différence entre le constat que c'est le navire qui bouge par rapport à la Terre et celui que c'est la Terre qui se déplace "en dessous du navire stationnaire", à la vitesse v. Le principe de relativité dit que tout référentiel inertiel peut être considéré indépendamment.

Le deuxième postulat de la <u>constance de la vitesse de la lumière</u> avait fait l'objet d'une expérience célèbre de Michelson et Morley en 1887. Ils découvrirent que la lumière se propageait dans toutes les directions à la même vitesse (isotropie), contredisant l'hypothèse qui prévalait jusqu'alors selon laquelle la lumière se propageait dans un certain milieu de propagation, un éther, de la même façon que les vagues d'eau et les ondes sonores.

Avant l'introduction de la relativité restreinte, ces deux postulats se trouvaient en contradiction apparente, donnant lieu à un vrai dilemme d'importance élémentaire : Si la vitesse de la lumière est constante, ce principe doit s'appliquer à tous les référentiels inertiels, selon le principe de relativité. Cependant, qu'advient-il de la vitesse de la lumière si le référentiel inertiel de la source de la lumière se déplace par rapport à l'observateur ? Par exemple, si l'observateur s'approche de la source de lumière, observera-t-il dans ce cas une vitesse de lumière plus rapide ? Depuis l'ère de Galilée déjà, il a été essayé sans succès de résoudre ce problème fondamental. Il y avait plusieurs concepts d'éther en discussion, mais l'expérience de Michelson et Morley s'opposait à toute hypothèse d'un éther.

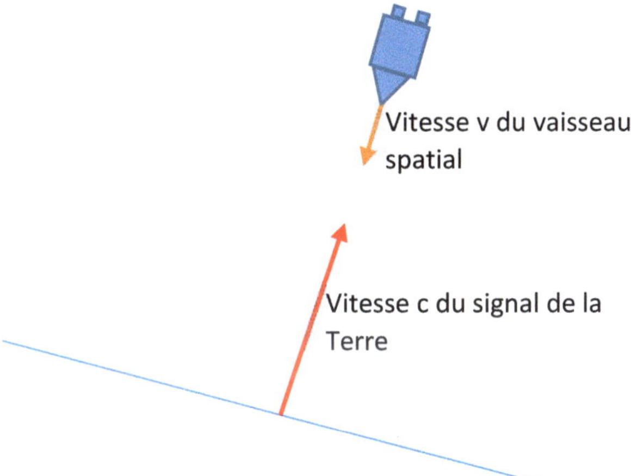

Fig. 1.1 : Le vaisseau spatial à l'approche, observera-t-il une vitesse de lumière plus rapide que c ?

Exemple : Un vaisseau spatial s'approche de la Terre à la vitesse v, et il reçoit des signaux de lumière de la Terre. Du point de vue du référentiel de l'observateur sur Terre, les signaux de lumière de la Terre se propagent à la vitesse de lumière c. Cependant, si le vaisseau s'approche de la source des signaux de lumière, cela devrait impliquer que les signaux se propagent - du point de vue de l'observateur dans le vaisseau - à la vitesse c + v au lieu de c. Il semble qu'il n'existe pas de possibilité pour que la vitesse de lumière soit la même pour deux observateurs qui se déplacent l'un par rapport à l'autre. Par conséquent, les deux postulats de la relativité restreinte semblent se contredire.

Après l'expérience de Michelson et Morley, d'autres tentatives avaient été entreprises pour sauver l'hypothèse de l'existence d'un éther. C'était le physicien néerlandais Hendrik Lorentz - entre autres - qui proposait l'hypothèse d'une contraction par un facteur qui par la suite avait été nommé le facteur de Lorentz, dans l'éther. Le facteur de Lorentz était une fonction de la vitesse relative, et on appelait ce phénomène la contraction de Lorentz. Bien que Lorentz "misait sur le mauvais cheval" avec sa proposition, certains de ses concepts anticipaient déjà des éléments de la relativité restreinte, ils en ont facilité l'introduction, et aujourd'hui ils portent toujours son nom (le facteur de Lorentz, la contraction de Lorentz, la transformation de Lorentz, l'invariance de Lorentz). A l'époque, le monde n'était pas encore prêt pour la solution audacieuse de la relativité restreinte qui rompait avec des concepts qui jusque-là étaient considérés comme des lois inébranlables.

La percée décisive survenait en 1905, avec la publication de la relativité restreinte d'Albert Einstein qui résolvait de façon définitive la contradiction entre les deux postulats, sans recours à un éther. La relativité restreinte abandonnait simplement le principe du temps absolu tel qu'il était connu dans l'espace-temps de Newton, avec la conséquence surréaliste que les horloges des objets et des particules n'avancent pas à la même vitesse, et que deux horloges qui se déplacent l'une par rapport à l'autre fonctionnent à des fréquences différentes, tout en affichant un temps différent.

Cela veut dire par rapport à l'exemple ci-dessus **fig. 1.1** que le signal de lumière se propage de la Terre vers le vaisseau à la vitesse c, et que tous les observateurs mesurent la vitesse c, peu importe qu'ils appartiennent au référentiel de la Terre ou à celui du vaisseau qui s'approche de la Terre. L'explication du fait que les observateurs dans le vaisseau spatial ne mesurent pas une vitesse plus élevée c + v réside dans le fait qu'en raison de la vitesse relative, les horloges du vaisseau tournent plus vite que celles sur Terre, le temps mesuré est dilaté. Puisque la vitesse est la distance parcourue divisée par le temps requis ($v = s / t$), cette dilatation du temps réduit la vitesse de la lumière, compensant juste la différence v, avec le résultat que la vitesse de la lumière est toujours mesurée par tous les observateurs à c = 300.000 km/h, en accord avec le deuxième postulat de la relativité restreinte.

Cela est la découverte essentielle, au cœur de la solution d'Einstein de la contradiction apparente entre les deux postulats de la relativité restreinte.

Cependant, un paradoxe semble se produire lorsque le vaisseau spatial envoie un signal de réponse à la Terre :

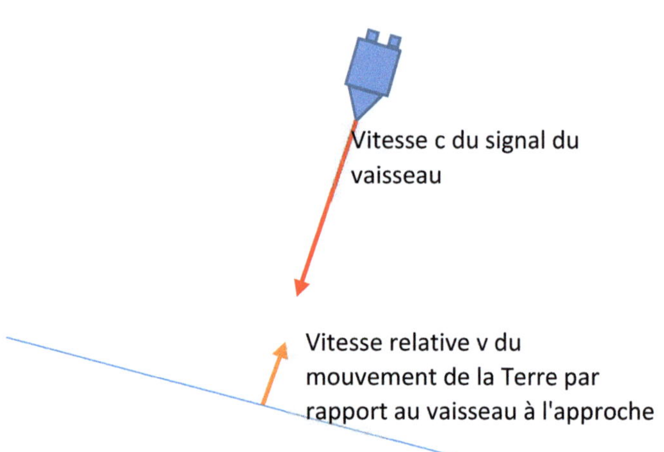

Fig. 1.2 : La vitesse de lumière c est-elle augmentée du point de vue des observateurs sur Terre, à cause de la vitesse relative v ?

Dans ce cas, les rôles sont inversés, la vitesse de la lumière par rapport au vaisseau spatial est c, et elle devrait être c + v du point de vue des observateurs sur Terre parce que le vaisseau s'approche d'eux. Dans cette constellation, la vitesse relative a pour conséquence que les horloges sur Terre tournent plus vite que celles dans le vaisseau, même si le mouvement relatif du vaisseau par rapport à la Terre n'a pas changé par rapport au premier exemple. Si des signaux sont envoyés simultanément par les deux, par la Terre et par le vaisseau, les deux référentiels se voient attribuer les deux rôles en même temps, de sorte que, dû à la vitesse relative, chacune des deux horloges tourne plus vite que celle de l'autre référentiel.

Cela semble absurde, mais c'est tout à fait conforme au

concept de la relativité restreinte : Si deux vaisseaux spatiaux s'éloignent de façon uniforme l'un de l'autre, les deux perçoivent l'horloge de l'autre vaisseau comme plus lente que la propre horloge. Les valeurs mesurées par les deux vaisseaux semblent en contradiction totale.

Alors, qui a raison dans cette situation, le premier ou le deuxième vaisseau ? Bien sûr, puisqu'il s'agit d'une situation symétrique, il est impossible que les mesures d'un vaisseau l'emportent sur celles de l'autre vaisseau, et en effet, pour le moment les deux vaisseaux ont raison, chacun selon sa propre horloge. "L'heure de vérité" arrive seulement quand un des vaisseaux abandonne son mouvement uniforme pour revenir vers l'autre vaisseau, afin qu'une deuxième comparaison de leurs horloges puisse avoir lieu.

Cette expérience de pensée fait l'objet du paradoxe des jumeaux, un phénomène qui se trouve au cœur de la relativité restreinte :

Le paradoxe des jumeaux

Un jumeau entreprend un voyage dans l'espace à une vitesse proche de celle de la lumière. Lorsqu'il revient sur Terre, le jumeau resté à la maison peut, par exemple, avoir vieilli de cinq ans, alors que le jumeau voyageur a vieilli seulement de quatre ans. Cette différence d'âge des deux jumeaux est due à la dilatation du temps.

Dans cet exemple, les deux jumeaux ont eu deux occasions pour comparer leurs horloges (c'est-à-dire leur âge), une fois au départ et après au retour du jumeau voyageur. La deuxième comparaison des horloges était possible uniquement parce que le jumeau voyageur ne s'est pas seulement éloigné de l'autre jumeau, mais il est ensuite retourné au point de départ. Grâce à ce fait, on peut l'identifier comme celui qui a quitté son référentiel inertiel, et le jumeau qui est resté à la maison est le seul dont le référentiel est resté uniforme, sans aucune accélération ni changement de direction. L'exemple précédent des deux vaisseaux qui s'éloignent était différent, car aucun des deux vaisseaux n'avait effectué de changement de direction, de sorte que chacun des deux pouvait interpréter leur mouvement relatif comme un mouvement de l'autre vaisseau.

Le paradoxe des jumeaux est un exemple du principe de la relativité restreinte selon lequel le vieillissement d'un objet dépend de sa trajectoire dans l'espace-temps, et que tout type de mouvement vous maintient littéralement jeune, plus vous êtes rapide, mieux c'est, et à une vitesse relativiste proche de la vitesse de la lumière cet effet est même mesurable. Il n'y a presque aucun vieillissement quand on voyage très proche de la vitesse de la lumière. En revanche, pour les mouvements lents, la différence de vieillissement est trop faible pour être mesurée, mais néanmoins, d'un point de vue théorique, la différence est toujours là, même pendant la moindre marche à pied à basse vitesse. De la même façon, le bras droit d'un joueur de tennis droitier est légèrement plus jeune que le bras gauche parce qu'il bouge plus que l'autre, et un prisonnier vieillit un peu plus vite qu'un chauffeur de taxi. Avec la relativité restreinte, le principe Newtonien du temps absolu a été aboli, et chaque objet et chaque particule a son propre temps qui peut être lu sur une horloge qui suit la trajectoire de l'objet ou de la particule.

Le paradoxe des jumeaux implique une distinction importante qui n'était pas connue dans l'espace-temps de Newton : La distinction entre le temps de l'objet observé et le temps de l'observateur, appelés le temps propre et le temps-coordonnée.

D'une part, l'objet observé est censé porter une horloge qui affiche son temps propre. Cette horloge affiche son vrai âge. D'autre part, l'objet peut être observé par un observateur d'un autre référentiel dont l'horloge avance à un rythme différent, de sorte qu'elle affiche un autre temps. Le temps-coordonnée est le temps mesuré par l'observateur par rapport à l'objet observé, il est toujours plus long que le temps propre de l'objet observé, ou au moins égal, le temps-coordonnée est dilaté par rapport au temps propre, par la dilatation du temps.

La dilatation du temps est une fonction de la vitesse relative entre l'observateur et l'objet observé. L'équation de la dilatation du temps s'applique :

$$dt = \gamma(v)\, d\tau.$$

Selon l'équation de dilatation du temps, le temps mesuré par un observateur est égal au temps propre tau (τ) de l'objet observé, multiplié par le facteur de Lorentz gamma (γ) qui est une fonction de la vitesse relative v :

$$\gamma(v) = \frac{1}{\sqrt{1 - \dfrac{v^2}{c^2}}}$$

Il est important de se rendre compte du fait que le facteur de Lorentz impose une limitation de vitesse maximale pour la vitesse relative : La vitesse v ne peut être supérieure à c, sinon le terme sous la racine devient négatif, ce qui a pour conséquence que le facteur de Lorentz devient imaginaire et donc non défini. Cette limitation de vitesse c est une conséquence directe des principes de la relativité restreinte. En revanche, l'espace-temps Newtonien permettait des vitesses infinies.

L'équation de la dilatation du temps est réversible : Si un observateur souhaite savoir combien l'objet observé a vieilli réellement pendant un mouvement uniforme, il peut utiliser l'équation du temps propre.

$$d\tau = \frac{dt}{\gamma(v)}$$

Cette équation s'applique également au paradoxe des jumeaux, même si le jumeau voyageur ne se déplace pas à vitesse constante ; à chaque instant durant le voyage entier du jumeau voyageur, le facteur de Lorentz correspondant à la vitesse relative momentanée entre les deux jumeaux indique le ratio des fréquences des horloges des jumeaux, c'est donc le facteur de dilatation du temps. Si le jumeau qui est resté à la maison souhaite connaître l'âge réel du jumeau voyageur au moment de son retour sur Terre, il doit déterminer la vitesse relative pour chaque partie infinitésimale du voyage, pour calculer le facteur de Lorentz correspondant et le temps propre respectif. La somme des sections du temps propre - ou mieux : l'intégral de ligne - indique le vieillissement total du jumeau voyageur entre le départ et le retour.

L'intervalle d'espace-temps

La relativité restreinte d'Einstein a donc coupé le nœud gordien de la contradiction apparente entre les deux postulats, en abolissant le temps absolu de Newton et en attribuant à chaque particule sa propre horloge indépendante qui correspond au temps propre de la particule.

Basé sur la relativité restreinte, Hermann Minkowski a

développé l'intervalle d'espace-temps, dans son célèbre cours
"Raum und Zeit" (espace et temps) en 1908, comblant ainsi
un vide important dans le concept de l'espace-temps.

Auparavant, l'espace-temps de Newton avec sa dimension de
temps absolue définissait des distances spatiales et des
intervalles de temps, mais il n'existait pas de notion pour les
distances mixtes de temps et d'espace, cf. par exemple **fig. 1.3**
où la distance spatiale est dx = 3 et l'intervalle de temps dt =
5. Pour des raisons de simplicité, la vitesse de la lumière est
fixée à c = 1 ici.

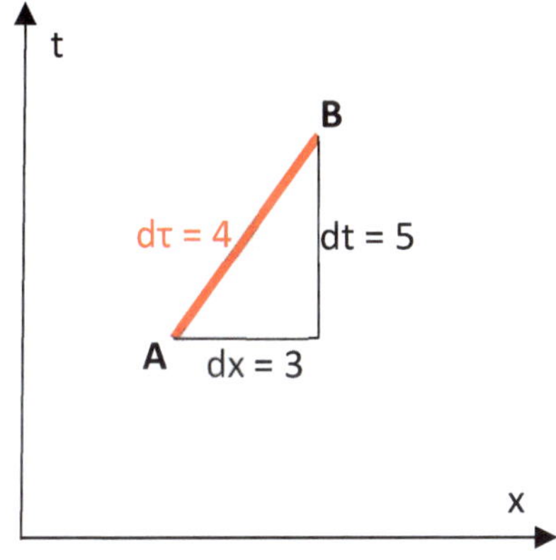

*Fig. 1.3 : L'intervalle d'espace-temps d'une ligne d'univers
(c = 1)*

Il est inutile d'essayer de mesurer l'intervalle d'espace-temps
avec une règle, cela donnerait seulement des valeurs
dépourvues de sens, elles correspondraient bien sûr au
théorème de Pythagore selon lequel le carré de l'hypoténuse
d'un triangle rectangle est égal à la somme des carrés des
cathètes.

$$c^2 = a^2 + b^2$$

Cette métrique euclidienne du théorème de Pythagore s'applique aux coordonnées de l'espace tridimensionnel,

$$ds^2 = dx^2 + dy^2 + dz^2 \,,$$

mais pas aux coordonnées de l'espace-temps, malgré le fait que les trois coordonnées spatiales sont aussi perpendiculaires à la coordonnée du temps.

Minkowski a démontré que ce n'est pas la métrique euclidienne, mais la métrique lorentzienne, qui fournit l'intervalle d'espace-temps. Par conséquent ce n'est pas la somme mais la différence des carrés des cathètes qui est égale au carré de l'hypoténuse, selon le principe

$$c^2 = a^2 - b^2 \,.$$

Cette métrique lorentzienne peut être facilement dérivée de l'équation du temps propre :

$$d\tau = \frac{dt}{\gamma} = dt \sqrt{1 - \frac{v^2}{c^2}}$$

$$\Leftrightarrow d\tau^2 = dt^2 \left(1 - \frac{v^2}{c^2}\right) = dt^2 - \frac{dx^2}{c^2}$$

En remplaçant la coordonnée unique dx représentant l'espace par toutes les trois coordonnées spatiales dx, dy et dz, nous obtenons la métrique de Minkowski

$$d\tau^2 = dt^2 - \frac{dx^2 + dy^2 + dz^2}{c^2}$$

Exemple : Dans la **fig. 1.3**, le carré de la longueur de la ligne droite de A à B est selon la métrique euclidienne $5^2 + 3^2 = 34$, ce qui donne une longueur d'environ 5,83, mais ce chiffre est dépourvu de tout sens. En revanche, l'intervalle selon la métrique Lorentzienne est de $5^2 - 3^2 = 16$, ce qui donne un temps propre de 4.

La question se pose ici pourquoi cet intervalle d'espace-temps représente le temps propre. Nous pouvons répondre à cette question à l'aide d'un exemple du paradoxe des jumeaux.

Du point de vue du jumeau qui reste à la maison, le jumeau voyageur évolue toujours avec la vitesse relative entre les deux jumeaux, par exemple, en **fig. 1.3** il parcourt de A à B une distance x = 3 (secondes-lumière) dans un intervalle de temps t = 5 (secondes). En revanche, du point de vue du jumeau voyageur, son vaisseau reste pendant tout le trajet de A à B au point zéro de ses coordonnées, x = 0, parce que son référentiel est stationnaire par rapport à lui-même, ce sont la Terre et le jumeau qui est resté à la maison qui s'éloignent ou se rapprochent de lui. Pour calculer son temps propre, nous devons nous référer à l'itinéraire direct de A à B dans le schéma, via l'hypoténuse du triangle qui correspond à l'intervalle d'espace-temps.

Il y a donc deux itinéraires en **fig. 1.3** qui mènent de A à B et qui correspondent aux deux référentiels des jumeaux : Pour le jumeau qui est resté à la maison, il s'agit d'un mouvement de 3 secondes de lumière dans un temps de 5 secondes selon ses coordonnées. Pour le jumeau voyageur, son temps-coordonnée correspond à son temps propre de 4 secondes, et pendant le voyage, son vaisseau n'a pas bougé par rapport à lui.

C'est une caractéristique cruciale de l'équation de la métrique d'espace-temps lorentzienne

$$d\tau^2 = dt^2 - \frac{dx^2 + dy^2 + dz^2}{c^2}$$

que l'on peut distinguer trois catégories d'intervalles, à savoir les intervalles genre temps, genre lumière et genre espace :

- Pour les intervalles genre temps, la composante temporelle dt^2 l'emporte sur la composante spatiale, de sorte que $d\tau^2$ et la racine $d\tau$ sont positifs. Les lignes d'univers genre temps correspondent à la propagation des particules massives à une vitesse en dessous de la vitesse de la lumière.

- Pour les intervalles genre lumière, la composante de temps et la composante d'espace se neutralisent, de sorte que $d\tau^2$ et $d\tau$ sont zéro. Seules les particules sans masse telles que les photons dans le vide peuvent emprunter ce chemin qui nécessite un mouvement à la vitesse de la lumière.

- Pour les intervalles genre espace, l'élément spatial prédomine sur l'élément temporel. Aucune particule ne peut voyager le long d'un tel intervalle parce qu'une vitesse supraluminique (au-delà de la vitesse de la lumière) serait requise ce qui n'est pas compatible avec la relativité restreinte. Comme on peut le constater, le carré de cet intervalle genre espace est toujours négatif, de sorte que l'intervalle genre espace (la racine) est imaginaire. Afin d'éviter de tels carrés négatifs et des intervalles imaginaires, Minkowski introduisait pour ce cas une multiplication du carré par (-1).

Minkowski distinguait explicitement entre ces trois catégories d'intervalles, et cette distinction est représentée par un double cône de lumière qui divise l'espace-temps en trois zones :

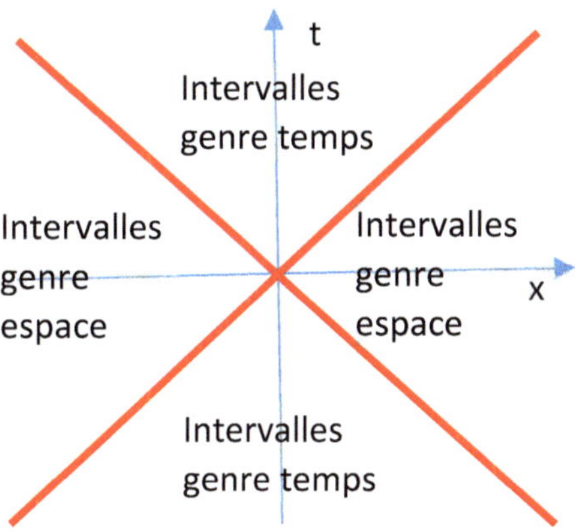

Fig. 1.4 : Le double cône de lumière de l'espace-temps

Les intervalles genre lumière qui partent de l'origine et suivent le cône de lumière correspondent à la propagation de la lumière et aussi des champs électromagnétiques et gravitationnels.

Les points situés au-dessus de la moitié supérieure du double cône de lumière peuvent être atteints par des lignes d'univers genre temps qui partent de l'origine, et de la même façon, l'origine peut être atteinte par des lignes d'univers genre temps à partir des points situés en-dessous de la moitié inférieure représentant le passé.

Tous les autres points autour des cônes de lumière sont séparés de l'origine par des intervalles genre espace.

Contrairement à la métrique euclidienne, la métrique lorentzienne ne comporte pas de notion de distance pleinement développée. L'intervalle des mouvements genre lumière entre l'origine et un point situé sur le cône de lumière est toujours zéro, et il continue à être zéro même si nous poursuivons un mouvement genre lumière en suivant le cône de lumière. Une telle notion dégénérée de la distance qui admet que la distance entre deux points soit zéro même s'il s'agit de deux points distincts dans l'espace-temps n'est pas une véritable métrique, elle s'appelle une pseudométrique.

Maintenant nous sommes en mesure de dessiner un diagramme d'espace-temps avec les lignes d'univers représentant le paradoxe des jumeaux :

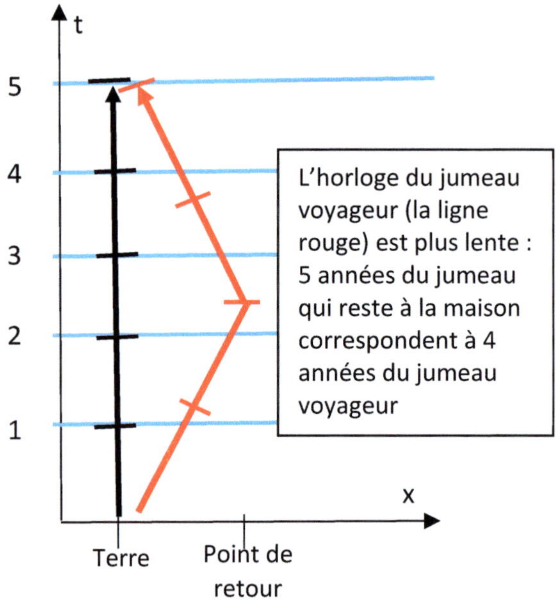

Fig. 1.5 : Le paradoxe des jumeaux : diagramme d'espace-temps avec deux lignes d'univers différentes

Le jumeau stationnaire qui est resté à la maison "se déplace" le long de l'axe de temps tandis que le jumeau voyageur se dirige - tout en suivant l'axe de temps - pendant la première

24

moitié du voyage en direction du point de retour, et pendant la deuxième moitié, il se rapproche de nouveau de l'axe de temps. Nous constatons que la ligne d'univers (l'intervalle euclidien) du jumeau voyageur doit toujours être plus longue que celle de l'autre jumeau. Pour calculer son âge (plus jeune), nous devons nous référer à son temps propre qui correspond à son intervalle d'espace-temps lorentzien

$$\tau^2 = t^2 - \frac{x^2}{c^2}.$$

Dû au fait que la composante spatiale est déduite - et non additionnée - de la composante temporelle, l'itinéraire diagonal représentant le temps propre du jumeau voyageur est toujours plus court que l'itinéraire vertical représentant le temps propre de l'autre jumeau, même si la ligne est plus longue. C'est exactement la particularité de la métrique lorentzienne qui assure que tout mouvement réduit le temps propre et "maintient plus jeune".

Les transformations de Lorentz

Comme nous l'avons vu, le paradoxe des jumeaux décrit un effet de la dilatation du temps : Selon l'horloge d'un observateur, les objets en mouvement sont perçus comme plus vieux qu'ils ne le sont en réalité. Cette dilatation du temps ne dilate pas seulement les périodes de temps observées, mais elle a aussi des effets sur les distances spatiales. Du point de vue d'un observateur se déplaçant à une vitesse proche de la vitesse de la lumière par rapport à son environnement, cet environnement est contracté dans la direction de son mouvement (la contraction de Lorentz).

En conséquence, les deux référentiels de deux vaisseaux

spatiaux en mouvement l'un par rapport à l'autre à la vitesse v se basent sur des coordonnées différentes de temps et d'espace, cela veut dire que pour le même mouvement de A à B, ils mesurent des valeurs différentes de temps t et de distance spatiale x. Pour cette constellation, les transformations de Lorentz sont un outil permettant de convertir les coordonnées afin de passer d'un référentiel (t, x) à un autre (t', x') :

$$t' = \gamma \left(t - \frac{v}{c^2} x \right)$$
$$x' = \gamma \left(x - vt \right)$$

Il est aussi possible d'inverser ces deux équations en les résolvant selon les coordonnées t et x du vaisseau observé. Nous obtenons alors une paire identique d'équations où les rôles sont inversés, le vaisseau observé jouant le rôle de l'observateur, conformément au principe de relativité mentionné au début du chapitre. Les transformations de Lorentz permettent la transformation symétrique entre deux observateurs/ référentiels en mouvement relatif uniforme.

Dépendance de l'observateur et invariance de Lorentz

Nous avons vu que, selon le principe de relativité et contrairement au principe d'un temps absolu de Newton, chaque particule suit sa propre horloge, son propre axe de temps et ses propres coordonnées de temps. Cela veut dire que différents observateurs se déplaçant l'un par rapport à l'autre observeront un temps différent pour un mouvement donné. Bien entendu, cette différence n'est pas mesurable si nous avons à faire avec des vitesses courantes de la vie quotidienne, et seulement pour les vitesses relativistes de l'ordre de la vitesse de la lumière, la différence peut être perçue. Nous avons déjà mentionné le facteur de Lorentz

$$\gamma(v) = \frac{1}{\sqrt{1 - \frac{v^2}{c^2}}}$$

en tant que facteur de proportionnalité entre le temps propre et le temps observé, il s'approche de l'infini pour les vitesses proches de la vitesse de la lumière. Cela veut dire, même si les différences ne se mesurent pas dans la vie quotidienne, elles peuvent devenir extrêmes à des vitesses relativistes.

Le temps-coordonnée est relatif et dépend de l'observateur. En revanche, tous les observateurs obtiennent le même résultat lorsqu'ils calculent le temps propre d'une particule observée, le temps propre est indépendant de l'observateur et donc "invariant de Lorentz".

Il y a d'autres quantités physiques qui dépendent de l'observateur, notamment l'énergie et la quantité de mouvement. Le facteur de proportionnalité à appliquer est toujours le facteur de Lorentz.

Une autre quantité invariante de Lorentz est la masse. De la même façon que le temps propre d'une particule peut être calculé à partir des coordonnées de temps et d'espace :

$$d\tau^2 = dt^2 - \frac{dx^2}{c^2},$$

il est possible de déterminer la masse m ou l'énergie de masse mc^2 à partir de l'énergie totale d'une particule libre E_{tot} et de sa quantité de mouvement p :

$$(mc^2)^2 = \left(E_{ges}\right)^2 - (pc)^2$$

Conclusion

Il ne fait aucun doute que la relativité restreinte est l'un des concepts les plus fascinants de la physique, et le paradoxe des jumeaux est d'une importance essentielle. <u>Toute la relativité restreinte peut être résumée à la conciliation de ses deux postulats, en scindant le temps absolu de Newton en deux types de temps : d'une part, le temps propre de l'objet observé et, d'autre part, le temps-coordonnée de l'observateur, tous deux étant liés par la dilatation du temps, notamment par le facteur de Lorentz correspondant.</u>

La relativité restreinte avait réussi à éliminer la contradiction apparente entre ses deux postulats. Cependant, la solution fournie par la relativité restreinte est limitée à l'espace-temps sans gravitation, et la question se pose comment la gravitation peut être intégrée dans ce concept.

La relativité générale

Après la publication de la relativité restreinte, Einstein travaillait sur l'extension de sa théorie pour inclure aussi la gravitation. A cette fin, il se basait sur le principe d'une variété quadridimensionnelle d'espace-temps bien que l'intégration de la gravitation s'avérait extrêmement complexe. Contrairement à l'espace-temps de Newton et à la relativité restreinte de Minkowski, un modèle mathématique sophistiqué était nécessaire qui incluait une variété d'espace-temps courbée par la gravité, dotée d'une métrique dite pseudo-riemannienne, un cas spécial de la pseudométrique lorentzienne. Pour l'élaboration de ce modèle, Einstein avait recours au mathématicien Marcel Grossmann. - Malheureusement, il s'était rapidement avéré que ce concept posait des problèmes en termes de compatibilité avec la physique quantique.

Dans la relativité générale, la relativité restreinte est un cas limite, à deux égards :

- Nous pouvons l'appliquer tant que la gravitation est si faible qu'elle peut être négligée.

- Aussi, la relativité restreinte décrit la géométrie locale dans une zone de courbure infiniment petite. A titre d'exemple, la courbure d'une sphère perd son importance quand nous considérons seulement une petite zone de la surface de la sphère. Même sur terre, la surface d'un lac parait complètement plane parce que la courbure de la Terre est aperçue uniquement si nous regardons une partie importante du globe.

L'un des avantages importants de la relativité restreinte est sa simplicité, toute constatation par rapport à l'espace-temps courbe est forcément beaucoup plus difficile. Bien que la relativité restreinte inclue beaucoup de lois fondamentales, elle est négligée, supplantée par la relativité générale. Nous verrons dans les chapitres suivants que la relativité restreinte est souvent sous-estimée, souvent identifiée aux transformations de Lorentz. Aussi, la définition de la notion de l'intervalle d'espace-temps est fortement délaissée, de sorte qu'il fait l'objet d'une grande variété de conventions contradictoires.

Ce livre est né exactement de cette situation : A l'exception du **chapitre 5** sur le trou noir, tous les chapitres qui suivent sont basés sur le fait que les incohérences par rapport à la définition de l'intervalle d'espace-temps sont devenues aujourd'hui un sujet tabou, une "zone blanche", et que - sans que cette problématique soit reconnue par la physique théorique - ces incohérences sont à l'origine de nombreux problèmes non résolus.

Chapitre 2
La nature du temps

Le temps - qu'est-ce que c'est exactement ?

Le temps est une quantité physique fondamentale pour la description des processus qui dépendent du temps, mais curieusement, la physique ne nous fournit pas de réponse généralement reconnue à la question de savoir ce qu'est le temps. Albert Einstein a formulé le problème de la manière suivante : "Le temps, c'est ce qu'on lit sur l'horloge". Nous regardons notre montre et nous savons exactement quelle heure il est, mais il n'est pas clair ce qui est exactement mesuré par la montre. Isaac Newton, quand il décrivait les lois physiques de l'univers, a défini le temps avec les mots : "Le temps est, il avance de manière régulière d'un moment vers un autre." - Manifestement, les physiciens n'ont pas de réponse, et dans de tels cas, les philosophes entrent en lice pour prendre le relais. La philosophie traite la question de la nature du temps depuis l'antiquité, et ses efforts se poursuivent jusqu'à nos jours.

Mais pourquoi poser ici la question de la "nature du temps" ? Cela a l'air assez philosophique : la physique traite plutôt les interactions, les relations et les dérivations physiques, tandis que la philosophie essaie de donner du sens et d'insuffler la vie aux notions physiques. La raison est simple. Nous savons si peu sur le temps que nous devons formuler le problème en question ouverte. Nous savons que le temps joue un certain rôle pour les processus physiques, mais jusqu'à présent, il manque une description physique concrète.

Le problème ressemble à un meurtre dans un roman policier. Le corps de la victime assassinée gît au milieu de la pièce, mais le nom de l'assassin n'est pas écrit sur son front, et pour le trouver, le commissaire de police doit rassembler un maximum d'indices en vue de la reconstruction rétrospective du crime. Dans le cas présent, nous allons appliquer une méthode criminologique similaire :

Si nous souhaitons une approche scientifique au lieu de basculer dans des considérations philosophiques, le lieu du crime sera forcément la physique théorique. Cela limite drastiquement le cercle des "suspects habituels" puisqu'il nous amène vers les équations physiques bien établies qui contiennent un paramètre temporel. Jusqu'à présent, lors des nombreuses tentatives du passé de trouver une définition du temps, cette méthode n'avait pas été mise en application, ou bien la recherche des bonnes équations n'avait pas été couronnée de succès. Cela est assez surprenant, car nous allons voir que le nombre de telles équations est assez limité, et que le mode opératoire proposé amène effectivement vers le résultat recherché. Nous allons donc commencer notre dérivation de la nature du temps en dressant l'inventaire des équations physiques existantes avec référence au temps.

Tout d'abord, il y a une formule qui semble particulièrement intéressante, et nous pouvons supposer qu'elle avait amené plus d'un physicien à réfléchir sur la nature du temps : En mécanique quantique, nous connaissons la relation d'incertitude temps - énergie de la constante de Planck

$$\Delta E \Delta t \sim \hbar .$$

Selon cette relation, le temps et l'énergie sont complémentaires, de la même façon que la position et l'impulsion dans le cadre de l'incertitude position - quantité de mouvement. Dans les deux cas, le produit est l'action. Sans doute, il s'agit d'un indice important, caractérisant le temps en tant que contrepartie de l'énergie. Il semble qu'il n'y ait pas d'autre formule dans laquelle le temps occupe un rôle aussi élémentaire. Néanmoins, cette formule n'a pas amené à l'élucidation de la nature du temps. En conséquence, nous ne pouvons donc pas éviter de dresser l'inventaire complet des équations les plus importantes.

Inventaire des équations les plus importantes avec référence au temps.

Nous pouvons distinguer trois catégories :

1. Les équations générales de la mesure du temps, par exemple la vitesse en tant que distance parcourue divisée par le temps requis :

$$v = \frac{s}{t}$$

2. Les équations spécifiques par rapport à des évolutions temporelles dans différents domaines de la physique

- l'**expansion de l'univers** en fonction du temps, le facteur d'échelle (a), dotant l'univers d'une sorte d'horloge :

$$d(t) = a(t)\, d_0$$

- le changement de l'**énergie cinétique** des systèmes quantiques en fonction du temps : l'opérateur Hamiltonien $\hat{H}$ génère l'évolution temporelle des états quantiques :

$$i\hbar \frac{\partial}{\partial t}\psi(t) = \hat{H}\,\psi(t), \qquad |\psi(t)\rangle = e^{\frac{-i}{\hbar}\hat{H}t}\,|\psi(0)\rangle$$

- l'évolution temporelle de l'**énergie de masse** mc^2 des particules - l'action d'une particule ponctuelle :

$$S = mc^2 \int d\tau$$

3. La transformation entre différentes coordonnées et la conversion entre le temps-coordonnée et le temps propre

Les équations de transformation permettent de basculer entre différents systèmes de coordonnées, le cas le plus simple sont les transformations de Lorentz :

$$t' = \gamma\left(t - \frac{v}{c^2}x\right)$$
$$x' = \gamma\,(x - vt)$$

Pour passer du temps-coordonnée au temps propre, on peut distinguer deux équations équivalentes :

- l'intervalle d'espace-temps

$$ds^2 = d\tau^2 = dt^2 - \frac{dx^2 + dy^2 + dz^2}{c^2}$$

- l'équation de dilatation du temps

$$dt = \gamma(v)\,d\tau$$

La plupart de ces équations mentionnées avaient été introduites seulement lors de l'introduction de la relativité d'Einstein ou après, et nous allons voir que la dérivation de la nature du temps est en effet basée sur les principes de la relativité restreinte.

La liste n'est pas exhaustive, et il peut certainement y avoir d'autres équations relatives au temps, mais les équations susmentionnées suffisent déjà pour la dérivation de la nature du temps. Plus précisément, il nous faut seulement deux de ces équations :

L'action d'une particule ponctuelle

$$S = mc^2 \int d\tau$$

et l'équation de dilatation du temps, avec son inverse, l'équation du temps propre.

$$dt = \gamma(v) \ d\tau \quad \Leftrightarrow \quad d\tau = \frac{dt}{\gamma(v)}$$

L'équation de dilatation du temps

Le point de départ de notre dérivation est l'équation de dilatation du temps :

$$dt = \gamma(v) \, d\tau$$

Sur la gauche, il y a le temps-coordonnée dt, et sur la droite le temps propre dτ, les deux sont reliés par le facteur de Lorentz gamma. Le temps-coordonnée est le temps mesuré par un observateur donné, dans son système de coordonnées. Dans ce système de coordonnées, l'observateur se trouve à l'origine. Le temps-coordonnée représente l'horloge de l'observateur. Le temps propre dτ est le temps qui peut être lu sur l'horloge de la particule observée. Le facteur de Lorentz représente la dilatation du temps de la relativité restreinte, c'est le facteur par lequel l'horloge de l'observateur est ralentie, dû à la vitesse relative entre la particule observée et l'observateur.

Le paradoxe des jumeaux

Le paradoxe des jumeaux de la relativité restreinte est une expérience de pensée qui illustre bien la signification de l'équation de dilatation du temps. Un jumeau entreprend un aller-retour dans l'espace proche de la vitesse de la lumière, tandis que l'autre jumeau reste à la maison. Par exemple, le jumeau voyageur a vieilli de quatre ans pendant son voyage tandis que le jumeau resté à la maison a vieilli de cinq ans, et au retour, l'horloge du jumeau stationnaire affiche exactement ce temps de cinq ans. En conséquence, selon son horloge, son frère a aussi vieilli de cinq ans bien que le vieillissement de celui-ci ait été ralenti à cause du voyage proche de la vitesse de la lumière.

Dans cet exemple, le jumeau resté à la maison est l'observateur, observant le jumeau voyageur, et son horloge est l'instrument de mesure qui mesure le temps et aussi l'âge du jumeau voyageur. Cependant, il est évident que la valeur mesurée par l'instrument de mesure n'est pas la bonne. Bien qu'il a mesuré que le jumeau voyageur avait vieilli de cinq ans, à cause de la dilatation du temps, cette observation est basée sur une horloge sur Terre, et elle ne correspond pas à la réalité parce que le temps local, le temps propre du voyage est de quatre ans au lieu de cinq ans. Si cette même horloge sur terre avait participé au voyage du jumeau voyageur, elle aurait affichée son vieillissement réel de quatre ans.

Mais cette mesure de cinq ans, est elle surprenante, et est-ce vraiment un problème ? Bien sûr, on pourrait objecter ici que l'horloge du jumeau stationnaire mesure surtout son propre âge ainsi que les procédés temporels de son environnement qui appartiennent à son référentiel sur Terre, et qu'elle n'est pas faite pour mesurer l'âge de personnes qui sont restées plus jeunes dû à des déplacements proches de la vitesse de la lumière.

Mais en y regardant de plus près, cet argument semble ne pas correspondre à la perception courante des observations astronomiques :

Lorsque nous observons le ciel nocturne, nous le percevons comme espace continu, correspondant aux lignes de simultanéité bien continues de notre diagramme d'espace-temps. En général, nous ne distinguons pas si des étoiles ou des particules bougent lentement ou avec une vitesse proche de la vitesse de la lumière, même si chaque particule individuelle de l'univers a sa propre vitesse, son propre axe de temps et ses propres coordonnées temporelles. Par contre, selon la relativité restreinte, le ciel est un genre de puzzle de pièces indépendantes. Le concept d'un espace-temps continu ignore le fait que dans le ciel nocturne, des millions d'horloges se trouvent en face de l'horloge de l'astronome observateur, et chacune de ces horloges correspond à un des différents corps célestes et particules élémentaires observés.

Le paradoxe des jumeaux montre que l'attribution temporelle de l'univers observé à l'horloge terrestre n'est pas sans problème, cela ne tient pas compte de l'âge réel des différents corps célestes. Ce problème n'existait pas avant l'introduction de la relativité restreinte. Selon Newton, le temps était absolu et une horloge fournissait toujours des résultats sans équivoque - des jumeaux d'âges différents n'étaient pas concevables à cette époque, et les horloges des observateurs étaient toujours synchronisées avec les horloges des objets observés.

En revanche, depuis l'introduction de la relativité restreinte, nous savons que l'espace-temps varie selon l'observateur. Chaque observateur se situe dans un certain référentiel qui est pourvu d'un diagramme d'espace-temps. L'observateur se trouve toujours à l'origine des coordonnées d'espace et de temps de ce diagramme, et l'axe vertical de temps correspond à son horloge et à son temps propre. Sur tout son chemin le long de l'axe du temps, il croise une après l'autre les lignes de simultanéité qui remplissent la totalité de l'espace de l'univers.

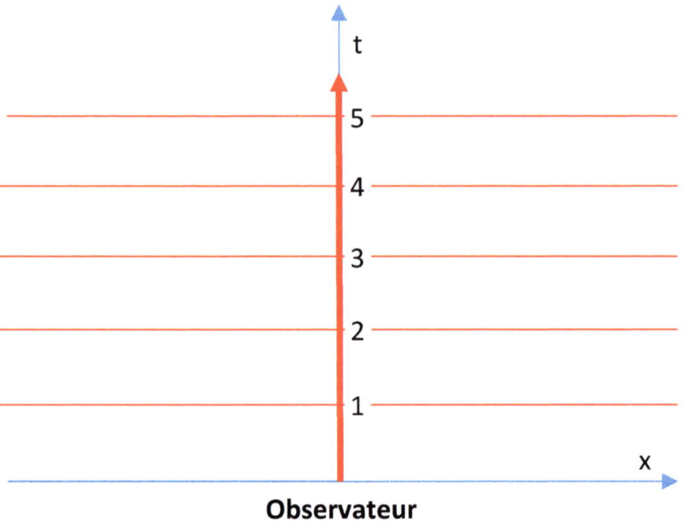

Fig. 2.1 : La structure d'un diagramme d'espace-temps : L'observateur évolue le long de l'axe de temps et croise une ligne de simultanéité après l'autre.

Chacun des points d'espace-temps dans le diagramme se situe sur une ligne de simultanéité, et de ce fait, il peut être attribué à une heure précise - un temps-coordonnée - sur l'horloge de l'observateur.

Puisque le temps dépend de la trajectoire dans l'espace-temps, différents observateurs ont différents diagrammes d'espace-temps, et ils attribueront des coordonnées différentes aux événements.

L'âge d'une personne est quelque chose d'absolu. Même si, depuis l'introduction de la relativité restreinte, le temps dépend de l'observateur, l'âge est une propriété intrinsèque de la personne, et parmi les millions d'horloges dans l'univers, il n'y a qu'une seule horloge qui indique le vrai âge d'une personne : la sienne. Pour déterminer l'âge d'un autre observateur à un moment donné (par exemple lors du retour du jumeau voyageur), nous devons choisir cette horloge comme axe de temps. Malheureusement, l'axe de temps du jumeau voyageur ne fait pas partie du diagramme d'espace-temps du jumeau qui est resté sur Terre, selon lequel cinq ans sont passés pendant le voyage. C'est la raison pourquoi chaque jumeau obtient pour l'âge de son frère uniquement son propre âge, et par conséquent un faux résultat. Etant donné qu'avec la relativité restreinte, le temps est devenu relatif, l'affichage des horloges aussi est devenu relatif ...

Cependant, le jumeau stationnaire a la possibilité de calculer l'âge réel du jumeau voyageur, en tenant compte de la vitesse relative pendant le voyage.

Voici une illustration de ce calcul :

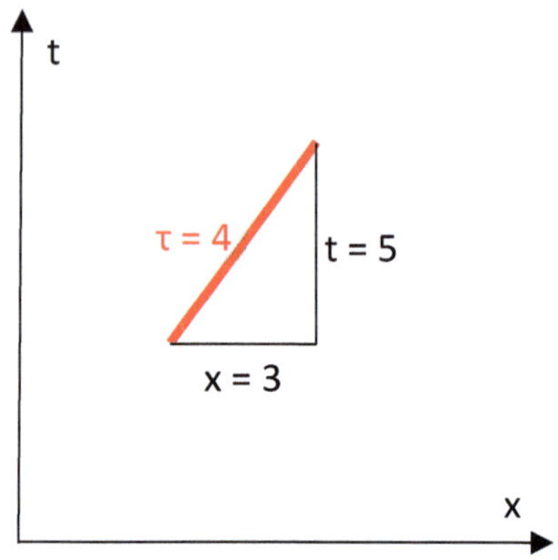

Fig. 2.2 : Temps-coordonnée et temps propre (c = 1)

Dans cet exemple dans lequel la vitesse de la lumière a été mise à c = 1 pour des raisons de simplicité, le temps-coordonnée de la ligne d'univers est t = 5 ans, selon l'horloge du jumeau stationnaire, et la distance parcourue est x = 3 années-lumière. Sur la base de ces informations, nous pouvons calculer le temps propre (le vieillissement) du jumeau voyageur, selon l'équation de l'intervalle d'espace-temps : $d\tau^2 = dt^2 - dx^2 = 5^2 - 3^2 = 4^2$, le temps propre égale donc 4 ans.

Le paradoxe des jumeaux démontre clairement le fait que nous ne devons pas nous référer à notre propre horloge quand nous souhaitons connaître l'âge d'une particule observée, mais à l'horloge de la particule observée. L'âge du jumeau voyageur n'est pas déterminé par le temps-coordonnée de l'observateur mais par le temps propre de la particule observée.

Une caractéristique importante du temps propre est le fait

qu'il n'est pas observable. Le diagramme d'espace-temps en **fig. 2.2** représente l'observation de l'observateur auquel le diagramme appartient. La longueur de la ligne d'univers rouge dans le diagramme peut être mesurée, elle mesure env. 5,83. Cependant, cette valeur n'a aucune signification. L'observateur mesure son temps selon son horloge, le temps-coordonnée de la ligne d'univers est 5. A partir du temps-coordonnée et de la distance spatiale, il peut calculer le temps propre $\tau = 4$ même si celui-ci n'est pas observable dans le diagramme. En **fig. 2.2**, le temps propre $\tau = 4$ est indiqué, mais il est évident que ce nombre avait seulement été ajouté, il ne fait pas partie du diagramme d'espace-temps.

Maintenant, le double concept de temps-coordonnée et de temps propre devient plus clair :

Du point de vue de la physique théorique, le temps propre est fondamental et lié à l'objet, il est aussi fondamental que l'âge réel du jumeau voyageur qui ne peut pas être négligé. En revanche, le temps-coordonnée est le temps après dilatation du temps, c'est une projection du temps propre, et en cela, il s'agit juste d'une observation, pas plus.

Contrairement à la physique théorique, la physique expérimentale se réfère aux observations, le point de départ est toujours la mesure d'un temps-coordonnée. Basé sur le temps-coordonnée, il est possible de déterminer par calcul le temps propre sous-jacent et l'âge du jumeau voyageur, et aussi le temps propre des lignes d'univers de toutes les particules de l'univers.

Le caractère relatif de l'observation peut être illustré de la manière suivante :

Deux observateurs observent leur vue respective de l'espace-temps. L'espace-temps appartient à l'observateur correspondant.

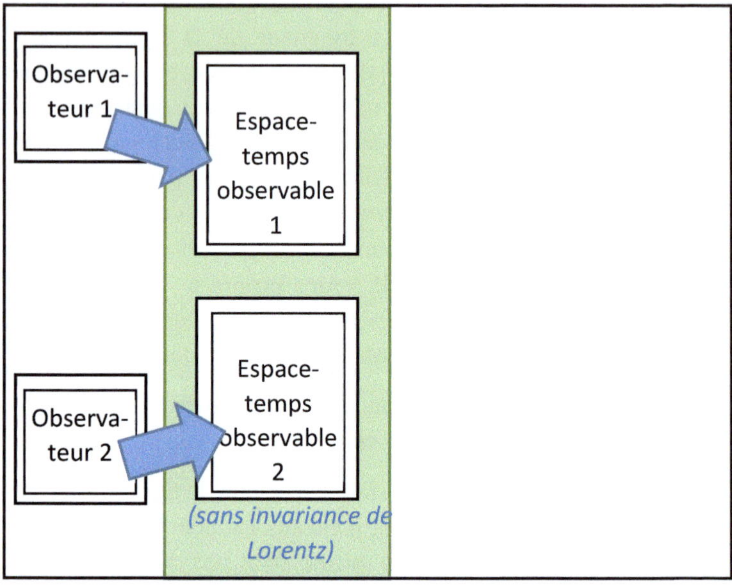

Fig. 2.3 : L'observation est relative

Mais ce n'est pas le contenu entier de la relativité restreinte parce que le temps propre invariant de Lorentz n'est pas mentionné alors qu'il représente la valeur d'origine - le temps-coordonnée est dérivé du temps propre :

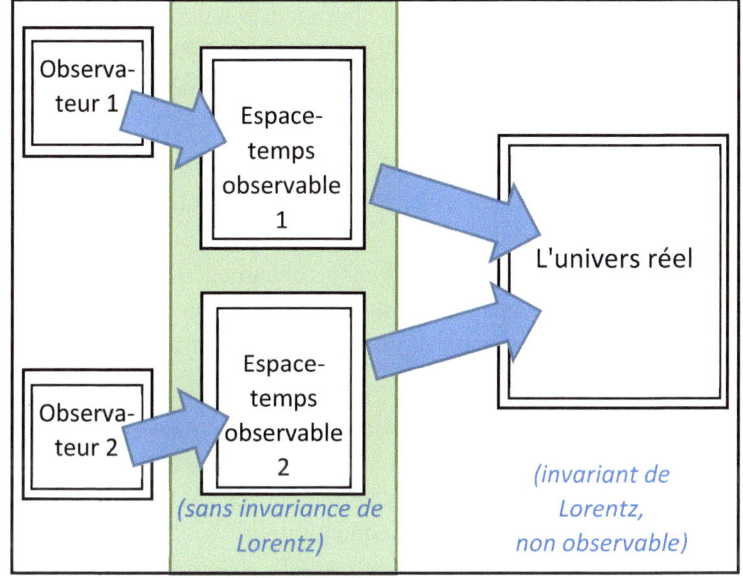

Fig. 2.4 : La dérivation de la réalité sous-jacente

Cela veut dire que l'espace-temps est juste de l'observation, et derrière l'espace-temps qui dépend de l'observateur, on peut trouver l'univers réel invariant de Lorentz qui n'est pas observable, il peut être dérivé seulement par calcul. Pour découvrir cet univers, nous devons reparamétrer les lignes d'univers. Au lieu de les paramétrer par notre temps-coordonnée, chaque ligne d'univers doit être paramétrée par son temps propre respectif.

En même temps, nous comprenons où nous devons chercher la nature du temps :

<u>Pour les questions fondamentales par rapport au temps, nous devons nous référer à la notion fondamentale du temps propre, et non au temps-coordonnée d'un observateur quelconque.</u>

Pourquoi cette règle est-elle si importante ? A première vue, il s'agit simplement d'une différence quantitative. En **fig. 2.2**, le temps-coordonnée est t = 5, et le temps propre est $\tau = 4$. Est-ce vraiment une différence fondamentale si nous nous référons au temps-coordonnée au lieu du temps propre ? On pourrait croire que le secret de la nature du temps ne se trouve pas dans cet exemple.

Et pourtant, cette règle devient importante quand nous avons à faire avec les lignes d'univers genre lumière dont l'intervalle d'espace-temps est réduit à zéro. Dans ce cas, il ne s'agit pas seulement d'une différence quantitative.

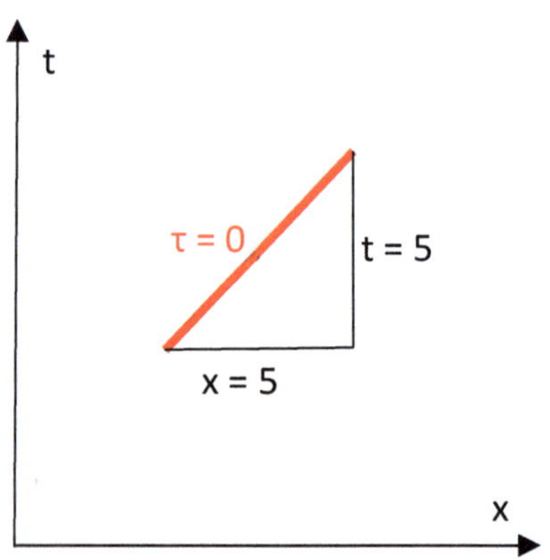

Fig. 2.5 : L'intervalle d'espace-temps genre lumière : La différence entre le temps-coordonnée et le temps propre est qualitative.

A présent, le temps propre est à peine pris en compte dans la recherche de la nature du temps, et la question se pose de savoir pourquoi le temps propre ne reçoit pas plus d'attention. Une des raisons semble être que nous avons tendance à voir dans le temps propre "juste un référentiel de plus", avec la conséquence que son caractère fondamental nous échappe :

Le temps propre n'est pas "juste un référentiel de plus"

La dilatation du temps est le phénomène clé de la relativité restreinte, et nous pourrions même réduire toute la théorie de la relativité restreinte à l'équation de dilatation du temps, car c'est justement cette équation qui assure que les deux postulats de la relativité restreinte harmonisent, le principe de relativité et le principe de la constance de la vitesse de la lumière.

La relativité restreinte a scindé le temps absolu de Newton en deux notions de temps séparées : Le temps propre de l'objet observé est le temps avant dilatation du temps, et le temps-coordonnée de l'observateur est le temps mesuré après dilatation du temps. Les deux sont reliés par le facteur de dilatation du temps, le facteur de Lorentz gamma. Bien sûr, ce principe n'est pas limité à la relativité restreinte, il s'applique de façon analogue aussi à la dilatation du temps gravitationnelle de la relativité générale.

Par conséquent, il est possible de comprendre la relativité restreinte comme un pur concept de temps, car sa seule fonction est la scission du temps absolu de Newton en deux concepts de temps différents, moyennant la dilatation du temps. Le concept du temps absolu de Newton

$$t_1 = t_2$$

est remplacé tout simplement par la dilatation du temps

$$dt = \gamma(v)\, d\tau \,.$$

Malheureusement, cette structure très simple n'est pas toujours clairement reconnue. En effet, l'équation de dilatation du temps en tant qu'équation centrale de la relativité restreinte ne reçoit que très peu d'attention, car le centre d'intérêt de la relativité restreinte se situe ailleurs : La relativité restreinte est dominée par la transformation de Lorentz

$$t' = \gamma \left(t - \frac{v}{c^2} x \right)$$
$$x' = \gamma \left(x - vt \right)$$

qui est un outil de l'observateur, permettant de basculer d'un référentiel à un autre, et à première vue, on pourrait croire que l'équation de dilatation du temps est incluse dans les équations de Lorentz, de sorte que le temps propre "n'est qu'un référentiel de plus". En effet, il semble que nous puissions toujours nous servir de la transformation de Lorentz pour nous placer dans la position de la particule massive observée et d'adopter de telle façon son référentiel, ses coordonnées et son temps propre.

Cependant, cette conclusion est erronée. La transformation de Lorentz met l'observateur et la particule observée sur le même niveau, elle est symétrique. En revanche, la dilatation du temps n'est pas symétrique, et même si dans presque tous les cas de figure les rôles d'observateur et de particule observée sont interchangeables, il existe une exception cruciale : les lignes d'univers genre lumière.

La transformation de Lorentz est limitée aux référentiels genre temps, car les phénomènes genre lumière tels que les photons dans le vide ne disposent pas d'un référentiel. Ce fait n'empêche pas que la transformation de Lorentz est utile, car sa limitation aux référentiels est simplement due à sa fonction de la transformation entre plusieurs référentiels. Cependant, la relativité restreinte ne consiste pas seulement en des lignes d'univers genre temps, mais aussi en des phénomènes genre lumière, et ces derniers ne doivent pas être négligés, l'intervalle d'espace-temps zéro des lignes d'univers genre lumière est un chapitre important et un cas limite de la relativité restreinte.

A vrai dire, ce n'est pas précisément l'équation de dilatation du temps qui se réfère aux phénomènes genre lumière puisqu'il y a un problème de division par zéro, pour cette raison nous devons nous référer à l'équation inverse, l'équation du temps propre :

$$d\tau = \frac{1}{\gamma} dt = \sqrt{1 - \frac{v^2}{c^2}}\, dt$$

Ici, nous pouvons constater que la transformation de Lorentz et l'équation de dilatation du temps ne se réfèrent pas exactement à la même chose. La transformation de Lorentz couvre "presque" tous les cas de dilatation du temps, mais pas "tous" les cas, et à tous ceux qui ne voient pas cette différence échappe complètement le sens de la dilatation du temps et du double concept du temps de la relativité restreinte, en particulier le fait crucial que l'intervalle d'espace-temps des photons et de tous les autres phénomènes genre lumière est zéro.

C'est cela que veut dire la phrase "Le temps propre est plus que "juste un référentiel de plus"", et la mise en avant de la transformation de Lorentz cache le rôle du temps propre, ce qui est en contraste avec le fait que beaucoup d'auteurs soulignent l'importance fondamentale du temps propre.

Cela veut dire que la transformation de Lorentz est un excellent concept pour la mise en œuvre de la relativité restreinte, mais c'est le mauvais choix pour comprendre sa nature. Elle cache le fait que la relativité restreinte est un concept de temps, au lieu d'un concept de basculement entre plusieurs référentiels.

Le temps propre dans l'univers

Après avoir établi que pour la recherche de la nature du temps, nous devons nous référer au temps propre plutôt qu'au temps-coordonnée, il paraît utile de jeter un coup d'œil dans l'univers pour savoir où exactement se trouve le temps propre.

Il en résulte que nous pouvons distinguer trois catégories principales :

a. Les particules massives : Les lignes d'univers des particules massives peuvent être paramétrées par leur temps propre respectif.
b. Les interactions genre lumière telles que les champs électromagnétiques et gravitationnels et les photons dans le vide : Leur temps propre est réduit à zéro.
c. Le vide entre les lignes d'univers : Aucun temps propre n'est défini pour les points de l'espace-temps qui se trouvent dans le vide entre les lignes d'univers, ce qui implique qu'il ne peut y avoir du temps-coordonnée. Le vide de l'espace-temps est donc dépourvu de temps qui est réservé aux lignes d'univers.

La description de l'univers sur la base du paramètre du temps

propre fournit une simplification de la mécanique quantique :
Elle amène à la règle de l'absence du temps, cela veut dire
qu'il y a des paramètres de temps uniquement là où ils sont
explicitement définis. Seuls les systèmes quantiques dotés
d'une masse génèrent du temps propre, et les lignes d'univers
des champs genre lumière dont le temps propre est nul sont
réduites à un simple point.

La génération du temps propre par l'énergie de masse

Nous avons vu que tout le temps propre de l'univers (ou au
moins une partie essentielle de celui-ci) est un produit des
particules massives. La question se pose maintenant de savoir
comment exactement le temps propre est généré par les
particules massives. La génération du temps propre est un
processus qui est très clairement décrit par l'équation de
l'action d'une particule ponctuelle :

$$S = mc^2 \int d\tau$$

L'action S d'une particule ponctuelle est décrite par son
énergie de masse mc^2 évoluant le long d'une ligne d'univers
paramétrée par le temps propre $d\tau$ de la particule (ou du
système quantique).

L'énergie de masse, en anglais : "rest energy", qu'est-ce que
cela signifie exactement ? L'expression anglaise semble être
un paradoxe, d'une part "energy" qui devrait être quelque
chose de dynamique, d'autre part "rest" ce qui signifie repos.
Une explication de cette apparente contradiction pourrait se
trouver dans l'hypothèse que la dynamique de l'énergie de
masse est orientée exclusivement dans la direction du temps
(l'intégrale se réfère au paramètre $d\tau$) - et de la même façon

que l'énergie cinétique pousse une particule à travers l'espace, l'énergie de masse la décale à travers le temps, ou plus précisément : l'énergie de masse avance une particule de masse en âge. De toute évidence, cette interprétation correspond très bien à l'équation de l'action de la particule ponctuelle, on peut la lire presque littéralement dans l'équation, l'énergie de masse étant cumulée le long de l'intégral du temps propre.

Nous voyons que même le "repos" demande de l'énergie, contrairement à l'expérience dans la vie quotidienne. Le mot "repos" doit donc être compris dans le sens de persistance, de durabilité et de permanence.

L'avancement dans le temps, la translation à travers le temps et le processus de vieillissement qui en résulte ne se produisent pas tout seuls de façon automatique si nous comprenons "temps" au sens de "temps propre" (nous devrions donc dire plutôt, plus précisément, "l'avancement du temps propre, la translation à travers le temps propre ...").

Le cas contraire est celui du photon dont on observe qu'il se déplace dans le temps et dans l'espace (par exemple, du soleil à la Terre, env. 150 mill. de km en huit minutes), mais il ne s'agit que de la simple observation, car son intervalle d'espace-temps est zéro.

Il faut également noter que les particules de masse sont dotées d'une caractéristique qui fait défaut chez les particules sans masse :

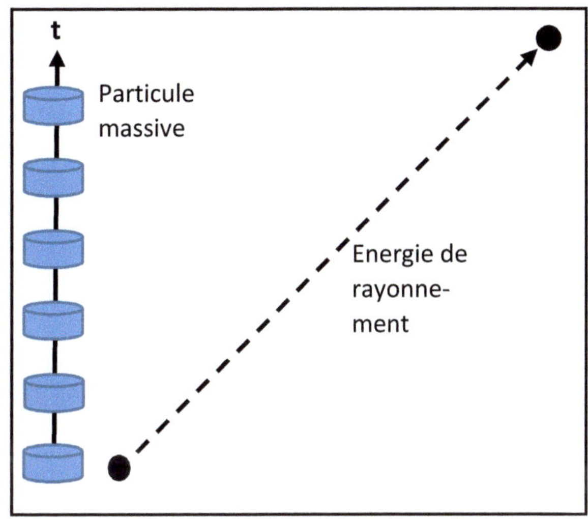

Fig. 2.6 : La masse procure de la persistance (durabilité) aux particules

Les particules de masse (représentées par le cylindre à gauche de **fig. 2.6**) peuvent être observées et mesurées en permanence et à tout moment, tandis que le photon (à droite) ne peut être observé qu'une seule fois, à l'endroit de son absorption. Cela veut dire que l'énergie de masse confère aux objets une sorte de présence permanente, contrairement à l'énergie de rayonnement qui a un caractère furtif, elle existe uniquement aux points de son émission et de son absorption, en exécutant une sorte de "saut" entre les deux.

Pendant que l'énergie de masse mc^2 évolue sur son axe de temps (propre) de l'instant A vers l'instant B, il y a quelque chose de très caractéristique qui se passe : la génération d'âge ! En comparant l'instant A avec l'instant B, nous constatons qu'une particule de masse stationnaire se trouve dans une situation complètement inchangée parce que la particule n'a pas bougé dans l'espace, l'énergie de masse n'est pas une énergie cinétique. La seule différence entre l'instant A et l'instant B est l'âge augmenté de la masse et de l'énergie de masse. C'est exactement cela le processus de génération de temps, la façon dont la particule de masse génère son propre temps, sa propre prise d'âge et son propre vieillissement.

Pour comparaison :

- L'énergie de rayonnement d'un photon ne génère aucun temps propre entre l'instant A et l'instant B, son temps propre est toujours zéro.
- L'énergie cinétique d'une particule de masse évoluant dans l'espace diminue l'effet de l'énergie de masse (selon la règle que le "mouvement maintient plus jeune").
- Seule l'énergie de masse d'une particule massive qui ne bouge pas dans l'espace générera le maximum possible de temps propre.

A noter aussi l'indépendance totale de l'équation

$$S = mc^2 \int d\tau \, ,$$

qui se réfère uniquement à la particule - l'action S est décrite exclusivement par les caractéristiques de la particule :

m est la masse de la particule, indépendante de l'observateur, et mc^2 est l'énergie de masse.

τ est le paramètre de temps propre (l'horloge de la particule) qui est aussi indépendant.

Il n'y a aucune référence

- ni à l'espace-temps d'un observateur quelconque (selon la relativité générale),
- ni à la position ni à la quantité de mouvement (avec leur signification respective dans la mécanique quantique), car du point de vue du référentiel de la particule de masse, les deux sont toujours zéro.

Que signifie exactement le constat qu'une particule de masse produit son temps propre ?

La production du temps propre d'une particule est comparable à la prise d'âge d'un être humain. A chaque date d'anniversaire, un être humain gagne un an en âge, ce qui signifie qu'un an s'ajoute à son âge, il s'agit d'un processus d'accumulation d'années, et c'est dans ce sens que la personne "produit" son propre âge.

De la même façon, une particule massive acquiert de l'âge en produisant du temps propre. Ici, il est sans aucune importance que toutes les particules ne subissent pas forcément de changements au fil du temps et qu'il puisse y avoir des particules sur lesquelles le temps et l'âge ne laissent aucune trace. Leur âge augmente quand même, en fonction de leur temps propre.

Les notions du présent, du passé et du futur matérialisent ce processus de la production en continu de temps propre, et elles cadrent parfaitement avec notre perception de ces notions, même localement par rapport à une ligne d'univers donnée. La ligne du présent repousse continuellement la limite entre le passé et le futur vers l'avant. C'est le processus de la production du temps. Il est cependant d'importance cruciale d'être conscient du fait que cette production n'est pas un processus global de l'univers entier - tel qu'il était compris à l'ère de Newton, avec la notion absolue du temps. Au lieu de cela, il s'agit d'un processus local qui se produit individuellement pour chaque ligne d'univers.

Par conséquent, il n'existe pas d' "axe du temps propre" qui inclurait aussi le futur, et à proprement parler, l'énergie de masse ne transporte pas la particule "à travers" le temps, il s'agit plutôt d'un processus de production de temps qui fait avancer le présent de manière continue. Le futur n'existe pas encore, et pendant que le présent avance en direction du futur, l'âge de la particule augmente par accumulation.

La production du temps peut être comparée à la construction d'un gratte-ciel : La hauteur du bâtiment augmente, mais il n'y a pas d' "axe de hauteur" qui inclurait les étages futurs. C'est plutôt un processus d'accumulation d'un nombre croissant d'étages.

L'âge des particules élémentaires peut être compté à partir de leur création, en remontant jusqu'aux débuts de l'univers. Leur âge correspond - à peu près - à l'âge de l'univers. Cependant, le processus de vieillissement pourra être interrompu à tout moment si l'énergie de masse d'une particule de masse est convertie en énergie de rayonnement, dépourvue de temps propre.

Aussi, la notion de la "flèche du temps" devient triviale à cause du fait qu'il n'y a pas d'axe de temps, et que le temps est produit localement par les particules individuelles. La flèche du temps dit simplement que le temps va dans le même sens pour toutes les lignes d'univers.

Pourquoi le temps est une voie à sens unique ? Encore une fois, la raison se trouve au niveau local des particules : Le temps est égal à la prise d'âge, ou en d'autres termes, à l'action de l'énergie de masse d'une particule qui avance la particule temporellement. Une fois produit, le temps existe et s'accumule. Nous avons vu ci-avant que l'énergie de masse d'une particule ne cause aucun changement entre les points A et B, sauf la prise d'âge. Par conséquent, une réduction de l'âge de B vers A n'aurait aucun effet sauf celui d'annuler la prise d'âge. Une telle annulation de la prise d'âge semble être un processus dépourvu de sens, trivial et purement imaginaire, et c'est cela qui semble être la raison pourquoi le temps s'écoule toujours dans un seul sens pour les particules.

La flèche du temps peut être expliquée sur la base du concept du temps propre d'une particule : Toutes les particules vieillissent de façon similaire, et avec l'augmentation du temps propre des particules, le temps-coordonnée d'un observateur augmente aussi : L'observateur qui mesure son propre vieillissement moyennant son horloge observe le monde entier vieillir avec lui, formant ainsi une flèche du temps, même si cette flèche du temps est basée sur des millions de processus individuels de prise d'âge.

Tous les processus de prise d'âge sont orientés vers le futur. Cependant, sur le plan mathématique, il n'est pas à exclure qu'il peut y avoir des particules qui prennent l'âge dans le sens opposé, car le facteur de dilatation du temps, le facteur de Lorentz gamma, est une racine carrée, et en tant que telle il a une solution positive et une solution négative :

$$\gamma = \frac{1}{\pm\sqrt{1 - \dfrac{v^2}{c^2}}}$$

Lorsque l'observateur vieillit dans le même sens que l'objet observé, le temps propre et le temps-coordonnée ont le même signe, et dans ce cas le facteur de Lorentz est positif. Mais on pourrait s'imaginer aussi des particules vieillissant "en sens opposé" par rapport à l'observateur, et dans ce cas, le facteur de Lorentz de notre temps-coordonnée serait négatif. La flèche du temps de ces particules pointerait dans le sens opposé, mais cela n'aurait aucune incidence sur la direction de notre propre flèche du temps. Une telle flèche du temps dans le sens opposé n'est qu'une possibilité mathématique qui ne s'est jamais confirmée dans la réalité.

En ce qui concerne la taille d'une particule, elle n'a aucun impact sur la production de temps, un grand objet vieillit de la même façon qu'un petit. Cela semble plausible, car même si l'énergie de masse d'un grand objet est supérieure à l'énergie de masse d'un objet plus petit, elle doit transporter une quantité plus large de masse "à travers le temps".

La nature du temps

Dans ce chapitre, les deux équations mentionnées au début ont été appliquées.

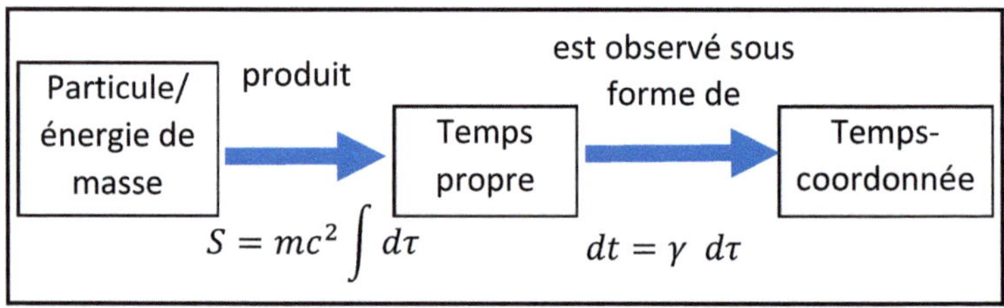

Fig. 2.7 : La nature du temps

Dans une première étape, l'énergie de masse d'une particule génère le temps propre conformément aux règles de l'action d'une particule ponctuelle, et dans une deuxième étape, il y a l'observation selon l'équation de dilatation du temps - c'est cela la nature du temps.

Il est important de noter que cela se passe localement au niveau des particules individuelles. Quand nous regardons le ciel de nuit, nous apercevons des milliers d'étoiles avec des milliers d'horloges, chaque horloge avançant à sa propre fréquence, et chaque étoile a l'âge qui correspond à son propre compte de temps. En revanche, aucune horloge n'existe dans le vide entre les étoiles, aucun temps n'est défini entre les lignes d'univers. Cela veut dire que l'avancement du temps n'est pas continu dans l'espace - contrairement à ce qu'on a l'impression de voir. Par conséquent, ce n'est pas une image continue que nous recevons du ciel, mais ce sont des millions de points pixel séparés, chacun complètement indépendant du pixel voisin. Ensuite, chacun de ces pixels est mis en accord avec notre propre temps-coordonnée, moyennant le facteur respectif de dilatation du temps. Le tout forme un gigantesque instantané de simultanéité de notre univers, et cela à chaque seconde, et tous ces plans de simultanéité consécutifs forment notre diagramme d'espace-temps dont l'axe de temps est représenté par notre montre.

La nature du temps est donc cachée : Quand nous regardons le ciel nocturne avec son continuum de l'espace qui change de façon uniforme pendant que notre montre avance, nous avons l'impression que le temps agit sur l'univers dans son ensemble, et nous cherchons la nature du temps dans notre montre. Rien ne révèle que le temps n'est pas généré de façon centralisée dans notre montre pour l'univers entier, mais localement dans chaque particule individuelle que nous voyons, sous forme de prise d'âge et de temps propre.

Le temps propre génère la gravitation

Pendant notre recherche sur la nature du temps, nous avons vu que le temps est produit sous forme de temps propre par l'énergie de masse des particules massives. Cependant, l'énergie de masse a aussi un autre effet, celui de la dilatation du temps gravitationnelle.

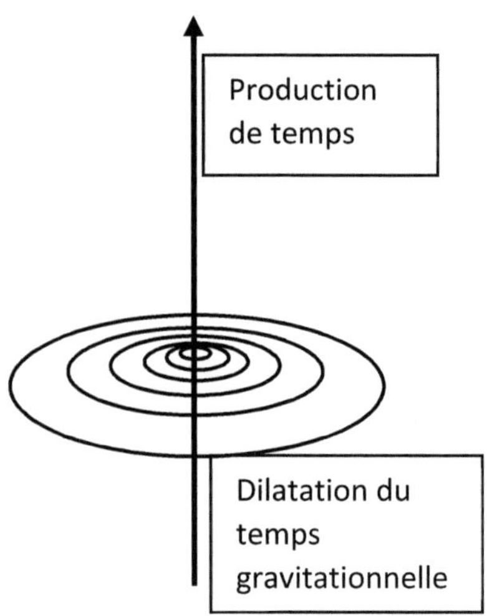

Fig. 2.8 : La gravitation comme champ de dilatation du temps autour du processus de production de temps propre

Il en résulte que l'énergie de masse des particules a deux effets différents qui se rapportent tous les deux au temps :

- D'une part, elle produit le temps propre de sa propre ligne d'univers.

- Mais en même temps, ce processus de production de temps

est entouré d'un champ de dilatation du temps gravitationnelle qui ralentit les horloges (la fréquence du temps propre) des autres particules à proximité. Nous pouvons donc présumer que la dilatation du temps gravitationnelle est un genre d'effet secondaire de la production de temps.

Cet effet secondaire est d'autant plus important si nous tenons compte de la conclusion au **chapitre 4** selon laquelle la gravitation est entièrement équivalente à la dilatation du temps gravitationnelle. Suivant ce principe, la gravitation peut être représentée non seulement par la courbure de l'espace-temps, mais alternativement aussi par la dilatation du temps gravitationnelle dans l'espace plane et non courbé. Par conséquent, nous pouvons supposer que la gravitation est un simple effet secondaire de la production de temps des particules massives.

Chapitre 3
Gravité quantique : L'erreur fatale de l'hypothèse de l'espace-temps continu

La situation actuelle

Depuis des décennies, la gravité quantique est l'un des plus grands défis de la physique théorique, il s'agit d'un problème qui avait été identifié très tôt, mais qui reste toujours irrésolu. La description du macrocosme du tangible, de l'univers et de

---

[1] Albert Einstein: Über die spezielle und die allgemeine Relativitätstheorie, 1916. - Cette citation documente comment l'hypothèse d'une variété d'espace-temps lorentzienne était prise pour une évidence, et elle l'est encore aujourd'hui.

la gravitation semble incompatible avec le microcosme des particules élémentaires et de la mécanique quantique.

On pourrait croire que l'élaboration d'une "théorie passerelle" entre deux théories bien explorées et confirmées par des observations et des expériences ne devrait pas être trop difficile. A la surprise absolue, c'est exactement le contraire qui se passe. Le problème s'est avéré être un casse-tête persistant. De plus en plus lourde l'artillerie déployée pour la solution du problème de la gravité quantique et en particulier pour la quantification de l'espace-temps : Wikipédia en anglais énumère environ deux douzaines de propositions de théories qui se contredisent les unes les autres, et, bien sûr, les théories les plus populaires consistent en plusieurs sous-variantes. Jusqu'à nos jours, les mathématiciens continuent toujours à développer des propositions de solution de plus en plus incroyables pour la description de la quantification de l'espace-temps : L'un des modèles mathématiques de la théorie des cordes est basé sur un espace-temps à 26 dimensions, un autre concept essaie de doter l'espace-temps d'une microstructure ressemblant à un réseau. Cela doit paraître osé, car ces descriptions des modèles mathématiques manquent complètement de confirmation expérimentale. C'est la tentative de sortir d'une impasse physique par des moyens mathématiques - peu importe le coût -, mais il semble que cette méthode de "force brute" engage la physique dans une guerre qui ne peut pas être gagnée mathématiquement.

Le désespoir de cette méthode est confirmé par le fait de l'écoulement de longues années et de longues décennies pendant lesquelles des milliers des meilleurs mathématiciens du monde - suffisamment dotés de fonds de recherche - ont vainement cherché une solution.

Il est particulièrement symptomatique que pendant les

dernières années, il n'était même pas possible de départager les différentes approches en faveur d'une théorie ou d'une autre. La théorie des cordes et la loop quantum gravity (gravité quantique à boucles) se disputent toujours la suprématie, et beaucoup d'autres théories font toujours l'objet de recherche à pleine puissance.

Le problème de la gravité quantique est un obstacle énorme qui ralentit le progrès de la physique théorique et de la cosmologie. Le résultat est une paralysie qui dure déjà depuis des décennies, bien que la machinerie de la recherche tourne en permanence à plein régime. Le problème n'est pas seulement qu'une grande partie des ressources disponibles pour la recherche est utilisée pour la gravité quantique, de sorte que des chercheurs hautement qualifiés sont occupés et ne peuvent pas consacrer leur temps à d'autres sujets. En plus, l'incertitude persistante par rapport à la relation entre les deux grands secteurs de la physique théorique perturbe massivement les autres efforts visant l'exploration de la nature de notre univers. A titre d'exemple, les théories sur les phénomènes fondamentaux tels que les trous noirs doivent rester inachevées parce qu'un concept clair de gravité quantique fait défaut. En conséquence, le grand public reçoit de moins en moins de révélations sur notre univers. Il est regrettable que - malgré une augmentation des fonds pour la physique théorique (y compris les mathématiques) pendant les derniers 30 ans - le savoir théorique du public intéressé n'a pas augmenté de façon significative, et pour les prochaines 30 années, aucune amélioration de la situation n'est en vue.[2] L'impasse de la quantification de l'espace-temps

---

[2] Cf. Claus Kiefer : Quantum Gravity - An unfinished Revolution, arXiv : 2302.13047v1 [gr-qc], p. 19 s.

empêche le progrès dans ce domaine de savoir de base.

La solution proposée

Que faire dans une telle situation qui semble être sans issue ?

Si - premièrement - nous excluons la possibilité que la solution sera apportée par les mathématiques supérieures (car aucune avancée majeure n'a été obtenue, malgré les décennies de recherche à haute cadence), et si nous ne voulons pas - deuxièmement - laisser le problème à la philosophie - comme dans le cas du problème de la nature du temps (voir **chapitre 2**) - il reste comme troisième possibilité l'hypothèse que nous avons peut-être manqué quelque chose dans le passé, avec la conséquence logique que les hypothèses sur lesquelles les théories de la gravité quantique se basent doivent être réexaminées. Et il y a exactement une de ces présomptions fondamentales qui semble être un candidat important pour ce nouvel examen : Toutes les théories courantes de la gravité quantique sont basées sur la présomption d'une variété d'espace-temps à quatre dimensions.

Actuellement, de plus en plus souvent l'hypothèse est évoquée que cela pourrait être l'institution de l'espace-temps qui serait à l'origine du problème de la gravité quantique, et qu'un nouveau concept d'espace-temps - plus fondamental - serait requis. Dans ce cadre, la recherche se concentre sur l'existence éventuelle d'une microstructure de l'espace-temps. Serait-il possible que l'espace-temps repose sur une structure granuleuse ou bien sur une sorte de "mousse de spin" (spin foam) ?

Dans le présent chapitre, il s'avérera que la solution est une autre, et que c'est l'espace-temps même qui est en cause : Ce continuum (cette "variété") d'espace-temps lorentzien semble être un concept peu suspect, auto-explicatif et bien connu, car il ressemble à l'espace-temps quadridimensionnel de Newton. Mais nous allons voir que ces apparences sont trompeuses, et qu'il s'agit en réalité d'un patchwork artificiel, assemblé tout à fait en désaccord avec sa nature.

Alors que dans le cadre de l'espace-temps de Newton il était possible de comprendre de manière intuitive les coordonnées euclidiennes de l'espace et du temps, sans aucun problème de continuité, il n'en va pas de même pour la variété d'espace-temps lorentzienne. Le problème essentiel est le fait que l'intervalle d'espace-temps lorentzien que Minkowski avait découvert est complètement inapproprié pour en construire une variété quadridimensionnelle à valeurs réelles.

Le point critique est l'intervalle d'espace-temps genre espace : Selon la métrique de Minkowski, il aurait dû être représenté en tant que nombre imaginaire, avec la conséquence qu'il n'est pas défini dans les nombres réels. Pour cette raison, Minkowski se voyait obligé de recourir à un artifice - et après lui, tous ses contemporains et toutes les descriptions ultérieures de la variété d'espace-temps par d'autres auteurs : pour pallier le problème des intervalles genre espace il admettait et introduisait une deuxième métrique, celle-ci carrément opposée à la première. Il en résultait un "patchwork" artificiel, une juxtaposition de deux métriques diamétralement opposées, juste pour forcer un résultat désiré qui ne pouvait pas être obtenu par des raisonnements logiques, et c'est exactement cette métrique patchwork qui ne peut pas être harmonisée avec la mécanique quantique, et elle se trouve également en contradiction avec les principes mêmes de la relativité générale.

L'observation est indirecte : La métrique continue euclidienne de l'observation

Aujourd'hui, la double pseudométrique introduite par Minkowski est considérée comme un composant important de la gravité quantique, car toutes les théories actuelles de la gravité quantique se basent sur la présomption d'une variété d'espace-temps lorentzienne continue telle que décrite par Minkowski dans son célèbre cours "Raum und Zeit" en 1908.

En ce qui concerne l'espace-temps à quatre dimensions, il n'avait pas été introduit par Minkowski. Déjà avant Minkowski, l'univers spatial à trois dimensions doté d'une quatrième coordonnée temporelle était familier à tout le monde.

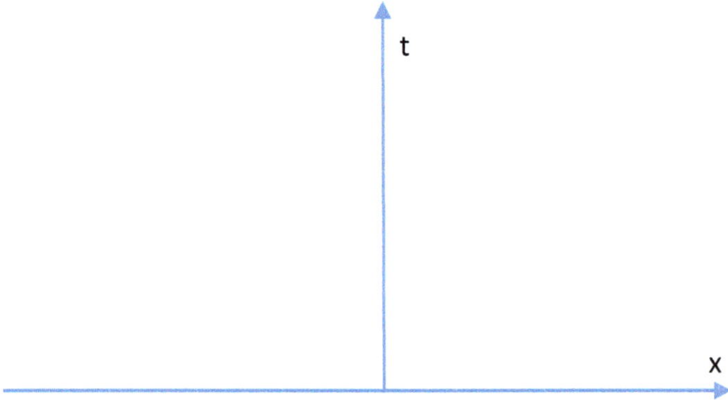

Fig. 3.1 : Un diagramme d'espace-temps à deux dimensions avec les coordonnées d'espace-temps newtoniennes

Cet espace-temps newtonien permettait la précise localisation de chaque événement sur la base de quatre coordonnées, c'était une variété à quatre dimensions qui - sans aucun doute - était continue dans les dimensions spatiales et dans la dimension temporelle. On pouvait se déplacer librement dans ce continuum, avec la seule contrainte que la flèche du temps devait être respectée qui pointait vers le futur. Par conséquent, tout mouvement en direction du passé était exclu, et pour les déplacements horizontaux le long d'une ligne de simultanéité, une vitesse infinie était requise.

Evidemment, ce concept newtonien d'une représentation de l'axe du temps comme une sorte de quatrième dimension est très intuitif, et elle correspond à la perception humaine de l'univers. Chaque point dans l'espace-temps était représenté de manière ordonnée, et il était possible de mesurer les distances horizontales de l'espace et les intervalles verticaux du temps. Cependant, il n'y avait pas de métrique d'espace-temps, pas de concept pour les distances mixtes, spatio-temporelles (par exemple la distance d'espace-temps entre le point A "maintenant au soleil" et le point B "dans huit minutes sur terre" :

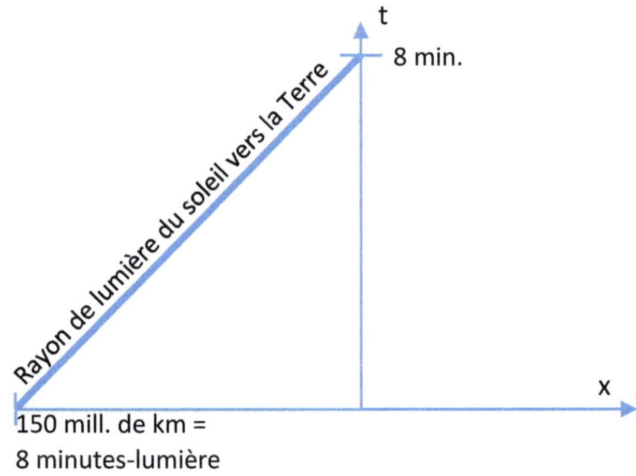

Fig. 3.2 : L'espace-temps newtonien avec un rayon de lumière

Quand un rayon de lumière est envoyé du soleil vers la Terre, il nécessite un intervalle de temps de 8 minutes pour une distance spatiale de 150 millions de km, mais il n'y avait pas de moyen dans l'espace-temps newtonien de déterminer la longueur correspondant à l'intervalle espace-et-temps. C'était une caractéristique manifeste et inhérente de l'espace-temps newtonien que nous ne pouvions pas simplement placer une règle sur l'intervalle d'espace-temps pour mesurer la diagonale d'espace-temps. En procédant ainsi, on obtient la longueur de la ligne tracée sur le papier, qui peut aussi être déterminée à l'aide du théorème de Pythagore, mais il est évident que le résultat de cette mesure est dépourvu de tout sens pour les considérations astronomiques.

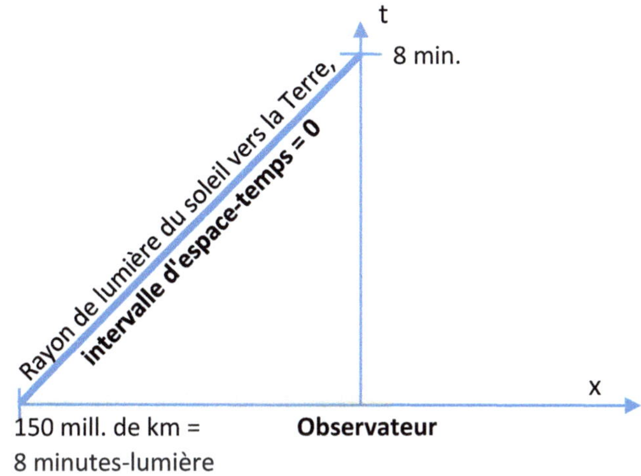

Fig. 3.3 : L'espace-temps selon Einstein et Minkowski, avec l'intervalle d'espace-temps

Après l'introduction de la relativité restreinte en 1905, c'était le mérite de Minkowski d'avoir introduit l'intervalle d'espace-temps lorentzien en 1908 - à titre d'exemple, l'intervalle d'espace-temps genre lumière en **fig 3.3** est zéro.

Ceci était un grand pas en avant, pour la première fois l'intervalle d'espace-temps était considéré comme une fonction de l'espace et du temps, et dans cette équation, l'espace et le temps étaient littéralement compensés entre eux. Minkowski avait commenté son propre propos avec les mots :

Il ne fait aucun doute, qu'il s'agit là d'une découverte d'importance immense qui recevait une haute considération à l'époque, et ce livre n'aurait pas pu voir le jour sans elle. Cependant, il convient de regarder de plus proche les **fig. 3.2** et **3.3** : Le diagramme d'espace-temps est exactement le même dans les deux cas ! Il n'y a que deux différences dans le texte : Le mot ajouté "observateur" nous indique que le deuxième diagramme correspond au référentiel d'un observateur parce que l'espace-temps n'est plus indépendant de l'observateur, et à côté de la ligne d'univers est inscrite la valeur de l'intervalle d'espace-temps.

En résumé, le diagramme d'espace-temps de Minkowski est complètement identique à l'espace-temps newtonien. Il n'est en aucun cas lorentzien, car dans ce cas, l'intervalle d'espace-temps genre lumière avec sa longueur zéro serait représenté comme un simple point. Aucun doute n'est donc possible : Le diagramme d'espace-temps de Minkowski est euclidien, de la même façon que l'espace-temps newtonien !

Nous pouvons vérifier cela facilement : Toutes les distances d'espace-temps dans le diagramme ont une longueur qui

---

[3] Hermann Minkowski : Raum und Zeit, 80. Versammlung Deutscher Naturforscher (Cologne 1908). Dans : Physikalische Zeitschrift. Vol. 10, 1909, p. 104 -111.

70

correspond au théorème de Pythagore, en fonction des deux cathètes espace et temps. Encore une fois, nous constatons que cette longueur de l'hypoténuse est complètement dénuée de sens pour les fins de l'astronomie, et la question se pose : Pourquoi cette longueur insignifiante apparait-elle encore et encore, n'est-il pas possible de faire sans elle ?

A ce moment, il nous est rappelé le fait que nous sommes de simples observateurs, et que ce n'est pas l'univers comme il est réellement qui se trouve devant nous, mais une "feuille de papier" (ou l'écran d'un ordinateur ou tout autre support). Et c'est exactement la feuille banale de papier qui est - bien sûr - continue dans toutes les directions, et qui a sa propre métrique, même si celle-ci n'a pas de signification physique. Or, cette métrique banale et dépourvue de sens est indispensable pour la représentation d'un rayon de lumière comme une ligne droite, et non comme un simple point. Nous pouvons donc retenir que les rayons de lumière (ainsi que les cônes de lumière) sont toujours des indicateurs de la métrique euclidienne !

Contrairement à cette longueur euclidienne d'une ligne, l'intervalle d'espace-temps lorentzien (tel que l'intervalle zéro d'un rayon de lumière) ne fait pas partie du diagramme d'espace-temps, il s'agit d'une information supplémentaire qui ne peut pas être observée, et qui peut être trouvée uniquement par calcul. Il s'agit d'un genre de réalité invisible, sous-jacente au diagramme d'espace-temps, à l'instar du paradoxe des jumeaux où l'âge réel du jumeau voyageur est dissimulé pour le jumeau qui est resté à la maison. Cet âge ne peut pas être mesuré directement dans le diagramme d'espace-temps, mais il doit être trouvé par calcul.

Même si en **fig. 3.3**, l'intervalle d'espace-temps lorentzien a été inscrit dans le diagramme sous forme de texte ("intervalle d'espace-temps = 0"), il ne fait pas partie du diagramme qui contient uniquement des intervalles euclidiens.

La distinction cruciale entre la métrique euclidienne de la feuille de papier et la métrique lorentzienne nous permet de comprendre que l'observation est indirecte, et nous devons faire la distinction entre l'univers comme il est réellement et la manière dont il est perçu par les observateurs à travers un moyen d'observation en tant qu' "interface".

Interface d'observation	Réalité sous-jacente
telle que "le rayon de lumière dessiné sur une feuille de papier"	telle que "l'intervalle d'espace-temps zéro des rayons de lumière"
Continuum d'espace-temps	Univers réel
Dépendant de l'observateur	Invariant de Lorentz
Métrique euclidienne	Métrique lorentzienne
Observable, déterminé par mesure	Caché, déterminé par calcul
Continu	Non continu en direction genre espace

Fig. 3.4 - L'observation est indirecte - l'acquisition de la réalité en deux étapes

L'interface d'observation euclidienne (à gauche) peut être matérialisée sur une feuille de papier, mais notre esprit préfère lui aussi travailler en coordonnées orthogonales, où chaque déplacement genre lumière a toujours une certaine longueur non nulle, sans être réduit à un simple point.

L'interface d'observation est localisée à mi-chemin entre l'observateur et la réalité sous-jacente, représentée en **fig. 3.5**

que nous avions déjà utilisée au **chapitre 2** dans le contexte
de la nature du temps :

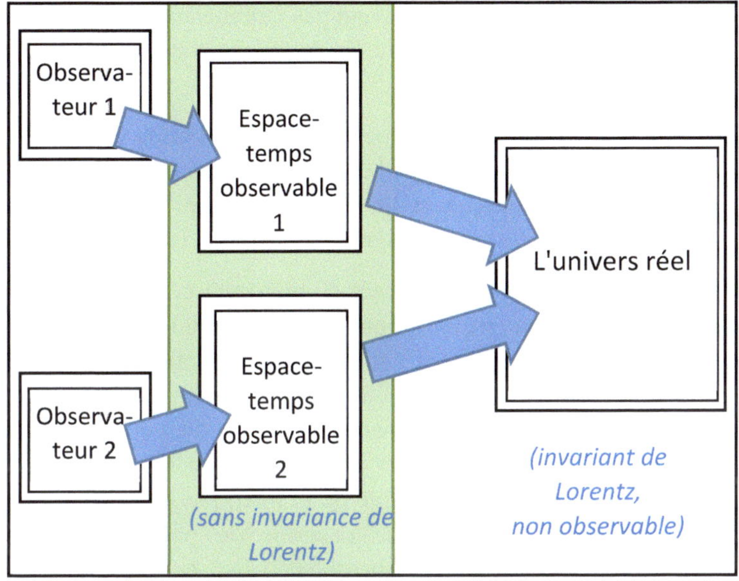

*Fig. 3.5 : L'interface d'observation, à mi-chemin vers
l'univers invariant de Lorentz*

L'interface d'observation au milieu de **fig. 3.5** peut être
représentée par un diagramme d'espace-temps, avec des
rayons de lumière dessinés sur une feuille de papier, c'est une
variété d'espace-temps, contrairement à l'univers réel sous-
jacent à droite qui est régi par l'intervalle d'espace-temps zéro
des rayons de lumière. L'observation est dépendante de
l'observateur, tandis que la réalité est invariante de Lorentz.
La première a une métrique euclidienne et peut être observée,
tandis que la deuxième a une métrique lorentzienne qui n'est
pas observable, elle est cachée et peut être retrouvée par

calcul.

Par conséquent, deux étapes sont requises pour la perception de l'univers réel qui ne doivent pas être mélangées : Après la première étape de la mesure, la deuxième étape du calcul est requise.

Ici, il est bien possible que certains lecteurs de ce livre se posent des questions : Quel est le rapport entre les théories de la gravité quantique et une feuille de papier sur laquelle quelqu'un a dessiné un diagramme d'espace-temps ???

Et pourtant, c'est exactement ce point qui constitue l'erreur cruciale de la présomption de la continuité de l'espace-temps : C'est justement l'interface d'observation sous forme d'une feuille de papier qui avait été ignorée jusqu'à présent, en raison du fait que l'espace-temps euclidien et l'intervalle d'espace-temps lorentzien avaient été mélangés. Quand l'espace-temps avait été doté de la métrique lorentzienne, la métrique euclidienne de la feuille de papier avait été complètement négligée et perdue de vue. Les deux étapes de l'acquisition de la réalité avaient été fusionnées en une seule étape : Dans un continuum d'espace-temps, un rayon de lumière a toujours une certaine longueur non nulle, de sorte que la métrique lorentzienne qui réduit les phénomènes genre lumière à un intervalle zéro est complètement inappropriée.

Il est d'une importance cruciale que seul l'espace-temps d'une feuille de papier avec la métrique euclidienne est un continuum, et que la métrique lorentzienne ne permet pas d'établir un continuum à quatre dimensions. A chaque fois que les théories actuelles de la gravité quantique essaient de quantifier une "variété d'espace-temps lorentzienne", elles passent tout simplement à côté du fait qu'une telle variété n'existe pas - et tout cela pour la simple raison que Minkowski n'avait pas tenu compte de la métrique de la feuille de papier sur laquelle il avait dessiné son diagramme d'espace-temps.

La double pseudométrique des variétés lorentziennes

Malheureusement, Minkowski dans son célèbre cours "Raum und Zeit", ne se rendait pas compte du rôle très discret joué par la métrique euclidienne dans le cadre de l'espace-temps. C'était sans doute justement à cause de la banalité de la géométrie euclidienne d'une feuille de papier qu'il la négligeait, et il négligeait aussi la conséquence logique que tout intervalle d'espace-et-temps répond forcément au théorème de Pythagore. Une telle négligence est compréhensible puisque le but de sa découverte était de remplacer la notion de distance euclidienne - dépourvue de sens - par un nouvel intervalle d'espace-temps qui permettait d'additionner et de compenser l'espace et le temps d'une manière pertinente.

Alors qu'il tentait de saisir l'importance et le champ d'application de sa nouvelle métrique lorentzienne au moyen des concepts disponibles à cette époque, son horizon d'imagination était sans aucun doute toujours imprégné de l'espace-temps newtonien, ce qui le faisait croire que sa tâche - après la découverte de la métrique lorentzienne - était de développer un continuum d'espace-temps lorentzien. De la même manière que l'intervalle d'espace-temps euclidien dépourvu de sens avait été remplacé par la métrique lorentzienne, Minkowski supposait que le continuum d'espace-temps newtonien devait être remplacé par un continuum lorentzien.

La supposition qu'une variété lorentzienne serait requise était une erreur d'appréciation aux conséquences graves, car elle l'amenait à mélanger les éléments (colorés) de l'interface d'observation avec ceux de la réalité sous-jacente :

Interface d'observation	Réalité sous-jacente
telle que "le rayon de lumière dessiné sur une feuille de papier"	telle que "l'intervalle d'espace-temps zéro des rayons de lumière"
Continuum d'espace-temps	Univers réel
Dépendant de l'observateur	Invariant de Lorentz
Métrique euclidienne	Métrique lorentzienne
Observable, déterminé par mesure	Caché, déterminé par calcul
En continu	Non continu en direction genre espace

Fig. 3.6 - La variété lorentzienne de Minkowski mélange des éléments de l'interface d'observation et de la réalité sous-jacente

Des éléments dépendant de l'observateur (variété d'espace-temps, rayon de lumière) ont été mélangés avec des éléments invariants de Lorentz (notamment la métrique lorentzienne), bien que **fig. 3.5** montre clairement qu'ils appartiennent à deux niveaux de perception différents. La métrique euclidienne continue avait simplement été ignorée et remplacée par la métrique lorentzienne.

A vrai dire, cette conclusion fallacieuse peut être considérée comme un phénomène assez normal et compréhensible : Après avoir fait la découverte de l'intervalle d'espace-temps, Minkowski avait ressenti le besoin de le positionner dans la vue existante du monde de la physique, et ce faisant, il devenait victime du fait qu'il était encore fortement imprégné de la géométrie de l'espace-temps newtonien - tout comme ses contemporains. La relativité restreinte d'Einstein avait renversé certains concepts, et le monde n'avait pas encore assimilé complètement les nouvelles idées, et il n'était pas facile d'abandonner des concepts élémentaires tels que le continuum d'espace-temps qui semblait si naturel à l'époque.

De plus, il convient de mentionner ici que les explications de Minkowski dans son cours pionnier "Raum und Zeit" n'étaient pas aussi nettes et explicites qu'elles avaient été réceptionnées et interprétées par la suite - loin de là. Dans de nombreux cas, il se limitait à fournir des allusions, des hypothèses et des suggestions, mais celles-ci étaient résorbées avec grand empressement par les contemporains et par la postérité, interprétées selon des conceptions qui prévalent encore aujourd'hui. La discussion qui suivait l'introduction de l'espace-temps par Minkowski n'avait manifestement pas gardé des distances suffisantes par rapport à l'espace-temps newtonien, le monde était plein d'attentes qu'il serait enfin possible de doter le continuum d'espace-temps newtonien d'un intervalle d'espace-temps qui avait fait défaut pendant si longtemps. L'impact des effets de la relativité restreinte d'Einstein sur l'espace-temps est sous-estimé jusqu'à nos jours : chaque particule a son propre axe de temps, de sorte qu'il n'y a plus d'axe de temps absolu, et l'espace-temps n'est qu'une simple observation.

Comme nous l'avons vu ci-dessus, Minkowski mélangeait les deux niveaux de l'acquisition de la réalité, en ne faisant pas la distinction entre les moyens d'observation et la réalité sous-jacente, en particulier, il avait remplacé la métrique euclidienne continue du moyen d'observation par la pseudométrique lorentzienne qui n'est pas continue en direction genre espace. Normalement, une telle fausse interprétation n'aurait pas dû perdurer, elle aurait dû se corriger rapidement, dès que les premières incohérences sont détectées. Et en effet, lors de sa tentative de monter un continuum lorentzien dans son célèbre cours "Raum und Zeit", Minkowski rencontra un problème crucial : En introduisant le carré de la métrique lorentzienne qu'il appelait "F" :

$$"F = c^2 t^2 - x^2 - y^2 - z^2",$$

il était évident qu'une telle pseudométrique ne pouvait pas être réelle partout, car pour les intervalles genre espace, le terme de l'espace devenait plus grand que le terme du temps duquel le terme d'espace devait être déduit, de sorte que le côté gauche de l'équation représentant la métrique carrée F devenait négatif, résultant en une métrique basée sur des nombres imaginaires.

Or, une fonction de distance avec des valeurs imaginaires est difficilement concevable dans l'espace-temps avec ses coordonnées réelles, ce qui signifie clairement que les intervalles d'espace-temps genre espace ne sont pas définis dans l'équation : Au moment où une fonction avec une plage de valeurs réelles commence à fournir des valeurs imaginaires, son domaine de définition se termine. Par conséquent, la métrique d'espace-temps lorentzienne ne devrait pas inclure les intervalles genre espace, car ils se trouvent en dehors du domaine de définition.

Mais apparemment, Minkowski - après avoir introduit l'intervalle d'espace-temps lorentzien - se sentait obligé de construire sur celui-ci les bases d'une variété lorentzienne, et pour cette raison il contournait le problème, en introduisant la distinction bien connue entre les intervalles genre temps et genre espace, forçant de telle manière le résultat réel désiré, simplement en inversant le signe pour les intervalles genre espace, avec l'introduction d'une deuxième métrique opposée "- F" :

$$" - F = x^2 + y^2 + z^2 - c^2 t^2 = k^2",$$

sans aucune autre explication.[4] C'est ainsi qu'est née la variété lorentzienne.

En dépit de l'intense feu croisé de questions et de critiques auxquelles la relativité restreinte était exposée après sa présentation, il semble que personne ne se sentait inconfortable face à un tel "forçage de résultat" aussi évident, par la simple introduction d'une deuxième métrique opposée.

Or, une telle pratique est complètement inacceptable, car elle ignore les principes les plus basiques de la logique.

Nous pouvons comparer cette double métrique à un feu tricolore qui est toujours au vert :

---

[4] Hermann Minkowski : Raum und Zeit, op. cit.

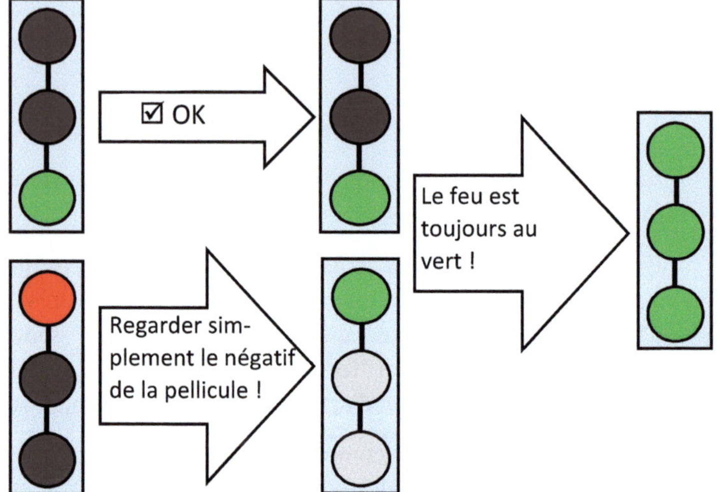

Fig. 3.7 - Comment on se bricole un feu qui est toujours au vert.

Lorsqu'on rencontre un feu vert, on peut passer. Si le feu est rouge, il faudrait s'arrêter - mais on pourrait s'imaginer que le feu tourne au vert en considérant le négatif de la pellicule du feu rouge où les couleurs sont inversées. - Bien sûr, c'est du bricolage inadmissible, mais malheureusement, la deuxième métrique opposée et négative "- F" correspond exactement à un tel négatif de pellicule. L'extension du domaine de définition de la métrique lorentzienne est donc un concept désidératif à l'état pur : La réalité ne me convient pas, alors je me bricole ma propre réalité comme elle me plaît.

Comment est-ce possible que cette double métrique que Minkowski avait présentée dans son célèbre cours est restée sans aucune objection ? C'est une véritable énigme, mais nous pouvons supposer que l'ancien concept newtonien d'un espace-temps continu restait si naturel que personne ne pouvait s'imaginer un intervalle d'espace-temps sans continuum d'espace-temps. Minkowski aussi partageait ce point de vue, et déjà dans l'introduction de son cours, il basait son concept sur l'hypothèse suivante de la continuité d'espace-temps :

> *"Pour ne laisser de vide béant nulle part, nous voulons nous représenter en chaque lieu et à chaque instant quelque chose de perceptible."*[5]

Deux simples encoches dans une planche en bois peuvent illustrer le caractère abstrait, voire trompeur de l'espace-temps, et la difficulté - même à nos jours - de se détacher du concept newtonien : Deux encoches A et B sont taillées dans une planche en bois à une distance d'un centimètre. Il semble qu'il n'y ait aucun problème de faire des allers et retours entre les deux points d'espace-temps que représentent les deux encoches, et pourtant en réalité, il y a un gouffre infranchissable qui les sépare : Pour aller de l'encoche A au moment t_0 à l'encoche B au moment t_0, une vitesse infinie serait requise, ce qui enfreint la limitation de vitesse $v = c$ de la relativité restreinte. Ceci est une illustration du fait que la continuité dans l'espace et la continuité dans l'espace-temps sont deux choses différentes, même si notre intuition peut nous amener facilement à les confondre.

Il semble que, jusqu'à nos jours, nous ne nous sommes pas encore totalement défaits du concept intuitif de l'espace-temps newtonien, de sorte que le continuum lorentzien décrit par Minkowski est un concept largement accepté, malgré la contradiction inévitable entre deux métriques opposées. Cette

---

[5] Hermann Minkowski : Raum und Zeit, op. cit.

contradiction est inhérente au concept entier, avec pour conséquence qu'aujourd'hui, il n'est toujours pas possible de trouver une représentation satisfaisante de l'intervalle d'espace-temps lorentzien dans le continuum lorentzien, et c'est pour cette raison qu'il semble être aujourd'hui le chapitre le plus contradictoire et le plus imprécis de toute la physique : Comme on peut facilement le vérifier, il n'existe pas de métrique standardisée de l'espace-temps dans la littérature, à la place, nous trouvons un grand nombre de "conventions" qui diffèrent d'un auteur à l'autre, incluant des signatures différentes, avec des intervalles genre espace qui peuvent être soit des nombres imaginaires, soit des carrées négatifs.

Malgré la multitude exceptionnelle de descriptions différentes pour une même notion qui semble être unique en physique, le problème est toujours ignoré, il est considéré comme une simple question de différentes conventions sans incidence sur la physique. Or, c'est une conséquence inévitable que tous ces concepts, quel qu'en soit l'auteur, nécessitent l'introduction d'une sorte de double métrique. Cette double métrique est le symptôme, son origine est l'hypothèse erronée d'un continuum d'espace-temps, et le fait que personne ne se préoccupe de ce problème doit inquiéter, précisément parce qu'il s'agit d'une hypothèse sur laquelle se basent toutes les théories courantes de la gravité quantique !

Seulement à titre de deuxième exemple, après celui de la double métrique de Minkowski, le livre hautement estimé de Misner/ Thorne/ Wheeler introduit une métrique pour le temps propre $\Delta\tau$ et une autre métrique pour l'intervalle d'espace-temps Δs :

$$\Delta s^2 \ = \ -\Delta\tau^2 \ = \ g_{\mu\nu}(x^\alpha)\Delta x^\mu \Delta x^\nu, [6]$$

Ici, la métrique de l'intervalle d'espace-temps est mise en équation avec une deuxième métrique, la métrique du temps propre. Après résolution selon le carré du temps propre, nous obtenons :

$$\Delta\tau^2 \ = \ -\Delta s^2$$

Un carré positif est égal à un carré négatif, cela veut dire : D'un côté, il y a le carré d'un nombre réel, de l'autre côté le carré d'un nombre imaginaire, en d'autres mots : Quelque chose de réel égale quelque chose d'imaginaire, ou, à l'inverse : <u>de l'imaginaire est considéré comme du réel.</u> Ceci est du forçage d'un résultat désiré à l'état pur. L'équation réduit le continuum lorentzien *ad absurdum*. - D'autres auteurs pratiquent d'autres concepts, ils utilisent d'autres conventions pour esquiver le problème selon leurs besoins et leurs points de vue, mais personne ne peut éviter la nécessité de deux métriques.

En résumé, au lieu de cette multitude de vaines tentatives de solutions, il faudra retenir que l'intervalle d'espace-temps n'est rien d'autre que le temps propre. Cette notion du temps propre se réfère uniquement aux lignes d'univers genre temps et genre lumière, à l'exclusion des intervalles genre espace (imaginaires), et pour cette raison, il n'est pas possible d'établir un continuum d'espace-temps comme il avait été essayé par Minkowski.

---

[6] Charles Misner, Kip Thorne, John Archibald Wheeler: Gravitation, 1973, p. 305

La variété d'espace-temps - un œuf de coucou

Comme nous venons de le voir, la variété lorentzienne d'espace-temps avec ses deux métriques opposées est un artifice qui ne correspond pas à la réalité. Il ne s'agit là pas simplement d'un préjugé sommaire quelconque ni d'une interprétation possible parmi d'autres, car la défaillance du concept se confirme tout aussi bien quand nous l'examinons arbitrairement sous n'importe quel autre point de vue : En effet, il s'avère qu'il n'y a pas une seule approche qui pourrait fournir une corroboration quelconque de la variété lorentzienne, apte à servir comme argument de raison d'être. Dans la suite, pas moins de neuf approches possibles sont énumérées. Le lecteur est invité à se faire sa propre opinion, en essayant de trouver une seule approche qui pourrait donner des arguments en faveur de l'hypothèse de l'existence d'une variété d'espace-temps, dotée d'intervalles d'espace-temps genre espace - il est peu probable qu'il y parvienne. Il s'avère donc que la variété lorentzienne est un vrai œuf de coucou de la relativité générale.

Voici les neuf approches :

- <u>Relativité générale</u> : Comme il a déjà été démontré ci-dessus, les nombreuses conventions relatives à l'intervalle d'espace-temps, dues au défaut d'une métrique uniforme, sont un indice que le "patchwork" de la double pseudométrique lorentzienne n'est pas compatible avec la relativité générale.

- <u>Mécanique quantique</u> : Le problème toujours non résolu de la gravité quantique montre que la variété d'espace-temps n'est pas compatible avec la mécanique quantique, car les tentatives de la quantification de l'espace-temps ont systématiquement échoué.

- La continuité de l'espace-temps lorentzien est une simple

<u>hypothèse,</u> elle n'a jamais été prouvée.

- <u>Confirmation expérimentale :</u> La totalité de la relativité générale a été largement prouvée par des expériences, de sorte qu'il n'existe aujourd'hui plus aucun doute quant à son bien-fondé. Cependant, ces preuves expérimentales ne s'étendent pas à l'hypothèse de l'existence d'une variété lorentzienne continue. Une raison pour cette absence de confirmation expérimentale est sans doute le fait que les expériences physiques peuvent inclure des déplacements genre temps et genre lumière, mais pas des intervalles en direction genre espace, car cela impliquerait la violation de la limitation de vitesse de la relativité restreinte, c'est-à-dire une vitesse supérieure à celle de la lumière. Il n'est pas clair comment la continuité de l'espace-temps pourrait être prouvée sans les déplacements genre espace correspondants, et jusque-là, aucun résultat expérimental n'est connu à cet égard. Par conséquent, la variété lorentzienne ne fait pas l'objet des preuves exhaustives de la relativité générale, bien qu'elle soit considérée souvent comme un pilier inséparable de la relativité générale.

- <u>Métrique :</u> La métrique lorentzienne pose un problème non seulement pour les déplacements genre espace, mais aussi pour les phénomènes genre lumière. Elle admet que l'intervalle genre lumière entre deux points différents soit zéro, et pour cette raison, elle dégénère en pseudométrique quand nous essayons d'en doter une variété d'espace-temps.

- <u>Topologie :</u> Nous pouvons aussi analyser l'espace-temps sous des aspects de topologie, dans l'espoir d'en tirer des enseignements positifs. Mais ici aussi, le résultat est négatif. Il n'y a pas de topologie simple ou typique pour l'espace-temps. Plusieurs topologies sont utilisées, et celle qui semble la plus importante prévoit même la scission (1 + 3) en dimensions de temps et d'espace.[7]

- <u>Le désaccord entre les distances spatiales et les intervalles d'espace-temps genre espace</u> : Quand nous utilisons la signature de Minkowski (+,-,-,-), une distance spatiale de "5 mètres" ($\Delta t = 0$) correspond à un intervalle d'espace-temps de "5i mètres". Si en plus, nous n'extrayons pas la racine carrée (comme c'est pratiqué par plusieurs auteurs), le même intervalle d'espace-temps genre espace serait de "-25 mètres carrés", ce qui ne sonne pas vraiment mieux. C'est peut-être une des raisons pour lesquelles certains auteurs ont inversé la signature que Minkowski avait choisie, avec l'introduction de la signature opposée (-,+,+,+). Cette signature opposée lisse le désaccord entre la distance spatiale et l'intervalle d'espace-temps, 5 mètres de distance spatiale correspondent à un intervalle d'espace-temps de 5 mètres et/ ou de 25 mètres carrés. Cette pratique résout une incohérence, mais d'autres incohérences restent ouvertes, de sorte que beaucoup d'auteurs ne suivent pas cette convention de signature.

- <u>Le vide entre les lignes d'univers</u> : Le continuum d'espace-temps doit aussi inclure le vide entre les lignes d'univers. Cependant, la relativité générale ne fait pas référence au vide entre les lignes d'univers, ce fait est bien illustré par les deux postulats de la relativité restreinte :

- Les lois de la physique s'appliquent de la même manière à tous les référentiels inertiels.
- La vitesse de la lumière c est la même pour tous les observateurs.

Les deux postulats mentionnent les référentiels (les

---

⁷ Cf. la vue d'ensemble de Renee Hoekzema : On the Topology of Lorentzian manifolds, 2011, avec d'autres références.

observateurs) ainsi que des interactions genre lumière, mais ils ne se prononcent pas par rapport à ce qui se passe dans le vide entre les lignes d'univers.

Par ailleurs, rien ne change si l'on inclut la gravitation, par rapport à la relativité générale : A ce sujet, nous allons voir au **chapitre 4** que la métrique de Schwarzschild ne se distingue pas à cet égard de la métrique de Minkowski de la relativité restreinte.

Le vide avec lequel nous sommes bien familiers est le vide spatial : Nous pouvons imaginer le vide spatial entre différents objets ou particules, mais il n'y a pas d'analogue dans l'espace-temps, car le vide de l'espace-temps est dépourvu de temps, comme expliqué au **chapitre 2**, étant donné qu'aucun temps propre n'est défini pour le vide. Sans temps propre, il n'est pas possible de définir du temps-coordonnée qui est une fonction du temps propre, moyennant la dilatation du temps et en particulier l'application du facteur de Lorentz qui dépend de la vitesse. Le vide est dépourvu de temps propre, et aucune vitesse relative ne peut être définie par rapport au vide, et pour cette raison, il n'est pas possible d'attribuer un point du vide à la ligne de simultanéité d'un temps-coordonnée quelconque.

- Et, pour finir : <u>même l'espace-temps courbe de la gravitation ne nécessite pas de variété d'espace-temps (!)</u> Il pourrait y avoir un argument crucial en faveur de l'hypothèse du continuum d'espace-temps lorentzien si une variété continue était requise pour la description de la gravitation sous forme d'espace-temps courbe. Or, ce n'est pas le cas :

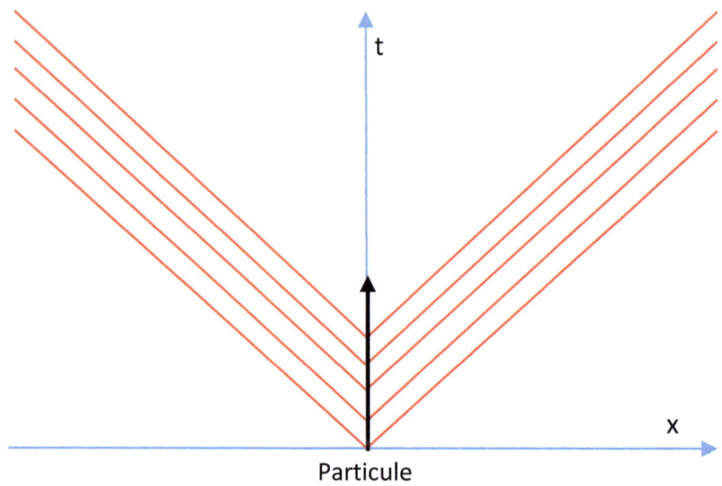

Fig. 3.8 - La propagation de la gravitation n'est pas horizontale, elle est diagonale, pour cette raison elle ne nécessite pas d'intervalles d'espace-temps genre espace.

Même l'espace-temps courbe de la gravitation ne nécessite pas de continuité en direction genre espace, parce que la gravitation se propage à la vitesse de la lumière, elle est genre lumière, et ses effets peuvent être décrits en utilisant uniquement des lignes d'univers genre temps et genre lumière. Même dans l'espace-temps courbe, il n'y a jamais des interactions genre espace :

Il est montré en **fig. 3.8** que les lignes d'univers genre lumière de la gravitation - bien qu'elles puissent remplir des espaces continus multidimensionnels, n'ont aucune interaction en direction genre espace. La particule massive évolue le long de l'axe du temps au centre, tandis que la gravitation se propage sur des lignes genre lumière, et les ondes parallèles correspondantes ont la forme de cônes consécutifs qui n'interagissent pas entre eux. La courbure de l'espace-temps ne change pas cette situation parce que, même dans l'espace-temps courbe, les interactions entre les cônes sont soumises à la limitation par la vitesse de la lumière c. La représentation de la courbure de l'espace-temps courbe ne nécessite aucune surface continue genre espace, il suffit de représenter les lignes d'univers genre temps et genre lumière comme des lignes d'univers continues.

Conclusion

Il a été démontré que les variétés d'espace-temps avec des cônes de lumière ne peuvent pas être lorentziennes : Ils doivent avoir une métrique euclidienne, sinon les rayons de lumière seraient réduits à un point. La métrique euclidienne existe, elle joue son rôle dans l'"interface d'observation" (telle qu'une feuille de papier avec un diagramme d'espace-temps). En revanche, même si la métrique lorentzienne telle que la longueur zéro d'un rayon de lumière peut être calculée à partir d'un diagramme d'espace-temps, elle ne fait pas partie du diagramme, elle appartient à un autre niveau sous-jacent. Cela signifie qu'elle ne se réfère pas à l'interface d'observation, mais à la réalité invariante de Lorentz sous-jacente qui n'est pas observable, mais qui est compatible avec la mécanique quantique, et qui sera décrite ci-après au **chapitre 4**.

La physique théorique n'a pas tenu compte du fait que la métrique lorentzienne n'est pas en mesure de décrire une variété - contrairement à la métrique euclidienne - parce qu'elle fournit des valeurs imaginaires pour les intervalles genre espace, de sorte que ceux-ci ne soient pas définis. En même temps, cette incohérence de l'espace-temps peut être comprise comme une information supplémentaire précieuse par rapport à la structure de notre univers, à savoir que l'observation est indirecte. Malheureusement, au lieu d'accepter qu'il n'y a pas de variété d'espace-temps lorentzienne, Minkowski avait "réglé" le problème en introduisant la distinction entre les intervalles genre temps et genre espace, et en rendant réels les intervalles genre espace imaginaires.

A première vue, la variété d'espace-temps lorentzienne avait semblé être le successeur naturel de l'espace-temps newtonien, mais c'était une fausse impression, car un regard plus rapproché révèle qu'elle ne fait pas de sens, quelle que soit l'approche choisie. La variété d'espace-temps était un concept fondamental de l'espace-temps newtonien avec son temps absolu, mais en relativité générale, il s'avère qu'il s'agit d'un œuf de coucou qui ne peut fournir qu'une projection qui dépend de l'observateur, mais pas la réalité sous-jacente qui est compatible avec la mécanique quantique. Il est excusable que Minkowski et ses contemporains de l'année 1908, seulement trois ans après l'introduction de la relativité restreinte, étaient encore influencés par la structure de l'espace-temps newtonien, de sorte que l'erreur pouvait survenir. Malheureusement, malgré la multitude de prises de position contre la relativité d'Einstein, cette erreur cruciale n'avait pas été détectée. En revanche, aujourd'hui, après des décennies de recherche infructueuse d'une théorie de la gravité quantique, il est temps que l'on réexamine l'hypothèse de l'espace-temps lorentzien parce que toutes les tentatives de théorie actuelles sont basées là-dessus.

Chapitre 4
La gravité quantique sans peine : L'univers après l'élimination de l'espace-temps

Après l'identification de la faiblesse cruciale des théories actuelles de la gravité quantique dans le dernier chapitre, la voie est libre pour la solution. Le maillon faible de ces théories réside en effet dans la fausse hypothèse d'une variété d'espace-temps lorentzienne continue, et par conséquent, la solution qui est décrite ci-après se base sur l'élimination de l'espace-temps qui n'est que de l'observation.

Adieu l'espace-temps !

Certains lecteurs pourraient ressentir des doutes et des craintes à l'idée de l'élimination de l'espace-temps. Comment imaginer un monde sans espace-temps ? Même si nous paramétrons une ligne d'univers par son temps propre, l'espace-temps "autour" devrait toujours être là, il ne peut pas disparaître comme ça ??

Et en effet, pour les théories courantes de la gravité quantique, l'espace-temps lorentzien à quatre dimensions semble être une évidence indispensable, et avant de s'imaginer un univers sans l'espace-temps, on essaie plutôt de doter l'espace-temps d'une microstructure ou de quelques dimensions supplémentaires.

Un exemple particulièrement caractéristique est la théorie des ensembles causaux ("causal set theory") qui - bien qu'elle adhère à la présomption d'une variété Lorentzienne - renonce à la continuité de l'espace-temps, en définissant des points dans l'espace-temps en tant qu'événements discrets qui sont reliés entre eux de manière causale et invariante de Lorentz. La théorie des ensembles causaux a beaucoup de ressemblances avec la solution présentée ci-après, car elle se réfère aux relations causales, mais malheureusement elle maintient l'hypothèse erronée de l'espace-temps lorentzien,[8] et il semble que c'est cela la seule raison pourquoi cette théorie n'est toujours pas en mesure de développer un modèle complet de la gravité quantique. La recherche d'une relation entre les événements discrets qui soit à la fois causale et invariante de Lorentz est le problème central de la théorie des ensembles causaux. Il semble évident que les lignes d'univers paramétrées par leur temps propre respectif pourraient fournir une telle relation causale d'une manière très simple et directe, car les lignes d'univers transportent 100 % de la causalité de l'univers. Mais ce fait n'aide pas parce qu'il ne correspond pas à l'exigence de la théorie des ensembles causaux qui souhaite construire une variété d'espace-temps avec ces relations causales, et c'est exactement cela qui n'est pas possible avec des lignes d'univers paramétrées par leur

---

[8] Cf. p. ex. la vue d'ensemble d'Astrid Eichhorn : Steps towards Lorentzian quantum gravity with causal sets, arXiv : 1902.00391 [gr-qc], avec d'autres références

92

temps propre respectif.

D'une manière similaire, toutes les autres théories actuelles de la gravité quantique reposent sur l'hypothèse que la relativité générale ne peut pas renoncer à l'espace-temps lorentzien. Or, il s'agit là d'une erreur cruciale : Les vains efforts depuis longue date pour établir une théorie de gravité quantique devraient suffire à confirmer que l'espace-temps courbe n'est pas compatible avec la mécanique quantique, et que fondamentalement, nous vivons dans un monde sans variété d'espace-temps.

Toutefois, un monde sans espace-temps ne veut pas dire un monde sans continuum, et nous allons voir qu'après l'élimination de l'espace-temps à quatre dimensions, il restera le continuum à trois dimensions de l'espace "autour de nous" dans lequel toutes les lignes d'univers sont incorporées. Ce continuum spatial est parfaitement invariant de Lorentz, et chaque événement est localisé sur une ligne d'univers donnée, avec ses coordonnées spatiales, et en ce qui concerne la gravitation, nous verrons que le concept de l'espace-temps courbe est remplacé par un concept qui décrit la gravitation dans l'espace non courbé à trois dimensions. Il n'y a donc aucune raison de craindre qu'après l'élimination de l'espace-temps, il n'y ait plus de continuum autour de nous.

En ce qui concerne la dimension du temps qui distingue l'espace-temps de l'espace, il est certain, depuis la relativité restreinte d'Einstein, que chaque particule possède son propre axe de temps, suivant sa propre horloge. Par conséquent, il n'existe pas d'axe temporel absolu, et si nous insistons en projetant l'univers sur un tel axe de temps commun, le résultat doit forcément être relatif, se référant au référentiel d'un certain observateur, ou en bref : Tout axe de temps sur lequel est montée une variété d'espace-temps n'est que de la simple observation, il s'agit exactement de l'interface d'observation que nous avons discuté en **chapitre 3**.

Le principe de base pour la solution du problème de la gravité quantique

La clé d'accès à la gravité quantique est le principe que nous avons déjà découvert au **chapitre 2** par rapport à la nature du temps : Nous avons démontré que pour les questions fondamentales, nous ne devons pas nous référer au temps-coordonnée qui dépend de l'observateur, mais au temps propre sous-jacent, et c'est exactement ce principe que nous devons appliquer d'une manière généralisée : L'observation est indirecte, et à partir de chaque élément d'observation, il faut dériver par calcul la réalité invariante de Lorentz :

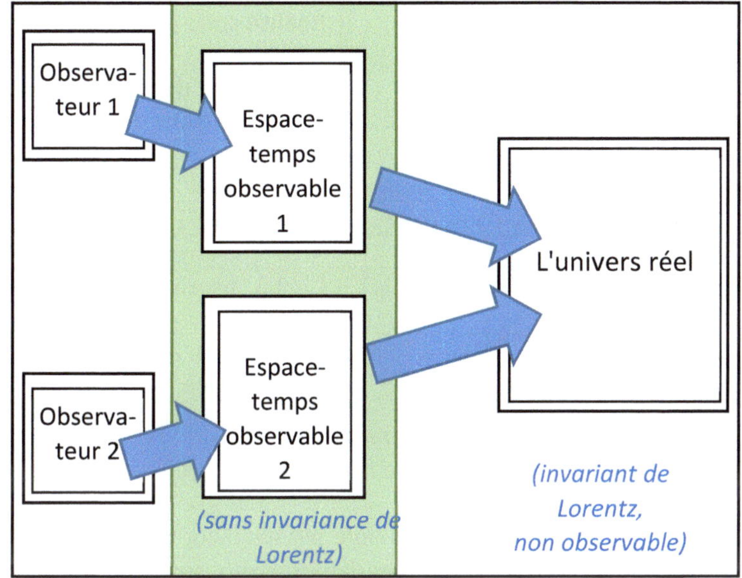

Fig. 4.1 : L'observation est indirecte - la dérivation de la réalité sous-jacente est basée sur le même principe que la dérivation du temps propre à partir du temps-coordonnée

Au **chapitre 3**, les deux étapes de la récupération de la réalité avaient été décrites plus en détail :

Interface d'observation	Réalité sous-jacente
telle que "le rayon de lumière dessiné sur une feuille de papier"	telle que "l'intervalle d'espace-temps zéro des rayons de lumière"
Continuum d'espace-temps	Univers réel
Dépendant de l'observateur	Invariant de Lorentz
Métrique euclidienne	Métrique lorentzienne
Observable, déterminé par mesure	Caché, déterminé par calcul
En continu	Non continu en direction genre espace

Fig. 4.2 - Les deux étapes pour la récupération de la réalité : d'abord la mesure, ensuite le calcul

Cette distinction n'est pas faite par les théories courantes de la gravité quantique, où les deux niveaux sont mélangés, en considérant la métrique lorentzienne directement comme une partie de la variété d'espace-temps.

Or, il n'y a aucun doute possible sur le fait que chaque variété d'espace-temps - dès qu'elle est dotée d'un cône de lumière - a forcément une métrique euclidienne : Chaque rayon de lumière y dessiné est un indicateur de la métrique euclidienne, en raison de sa longueur qui n'est pas zéro, contrairement à son intervalle d'espace-temps lorentzien qui est toujours réduit à zéro pour les intervalles genre lumière.

La métrique lorentzienne fait partie de la réalité sous-jacente qui doit être récupérée par calcul, et il est d'importance cruciale qu'aucune variété d'espace-temps ne puisse être construite sur la base de la métrique lorentzienne parce que celle-ci n'est pas définie en direction genre espace.

Par conséquent, le continuum d'espace-temps avec sa

métrique euclidienne représentée par la feuille de papier ou par n'importe quel autre médium sur lequel nous la dessinons ou imaginons, n'est qu'une "interface d'observation", à mi-chemin entre l'observateur et la réalité sous-jacente, et en tant que telle, elle doit être complètement éliminée et remplacée - par calcul - par des valeurs invariantes de Lorentz. Pour cette raison, il n'y a aucun besoin d'une quantification quelconque de l'espace-temps que personne n'a réussi jusque-là.

Le niveau d'observation et le niveau sous-jacent de la réalité selon **fig. 4.2** sont deux représentations du même univers : Une fois tel que l'univers est observé, et une fois tel qu'il est en réalité. C'est seulement la métrique qui change : La métrique euclidienne de la "feuille de papier" - dépourvue de sens - du diagramme d'espace-temps est remplacée par la métrique lorentzienne. La différence essentielle par rapport à la conception courante réside dans le fait que ce changement de la métrique ne survient pas à l'intérieur du diagramme d'espace-temps, mais à un niveau séparé de la réalité sous-jacente où l'espace-temps est complètement éliminé, qui s'avère être un simple outil d'observation.

En suivant ce mode opératoire, nous verrons que l'intégration de la gravitation dans la mécanique quantique se fait pratiquement toute seule, et nous pourrions même dire que les deux niveaux en **fig. 4.2** sont déjà la solution complète de la gravité quantique. A cette fin, tout ce que nous avons à faire est a) d'accepter le fait de la distinction des deux niveaux, b) d'observer l'univers sous forme d'un continuum d'espace-temps euclidien et c) à partir de cette observation, de dériver la réalité sous-jacente qui est invariante de Lorentz, par calcul, de la même manière que le temps propre d'une particule est calculé à partir du temps-coordonnée mesuré. Le résultat est un univers qui est compatible avec la mécanique quantique.

L'équivalence de la gravitation et de la dilatation du temps gravitationnelle

Evidemment, pour la mise en œuvre de ce mode opératoire, la question se pose de savoir si la nature de la gravitation contredit ce concept d'élimination d'espace-temps. Est-il possible dans un univers sans espace-temps de représenter la gravitation, sachant qu'elle est actuellement décrite comme la courbure de ce même espace-temps ?

La clé de la réponse est fournie par la métrique de Schwarzschild, elle montre qu'un tel concept alternatif existe bien, en raison de l'équivalence complète de la gravitation et de la dilatation du temps gravitationnelle. Nous verrons que la dilatation du temps gravitationnelle n'est pas seulement un simple effet secondaire de la gravitation, mais que c'est elle-même qui est la gravitation.

Tout d'abord, il convient de constater que la description de la gravitation sous forme de la courbure d'espace-temps n'est pas du tout une partie intégrante de la relativité générale, car initialement elle avait été conçue comme un simple outil pour la description de la relativité générale.

Après la présentation du continuum d'espace-temps lorentzien par Minkowski en 1908, ce continuum avait influencé les travaux ultérieurs d'Einstein qui essayait d'étendre la relativité restreinte qu'il avait introduite en 1905 à la gravitation. Bien sûr, la tentative de représenter la gravitation dans une variété d'espace-temps s'était avérée complexe, mais il recevait l'aide du mathématicien Marcel Grossmann qui lui apportait la géométrie riemannienne aux fins de la relativité générale. En 1913, Einstein publia avec

Grossmann un concept de l'espace-temps qui est courbé par la gravitation.[9] Le concept de l'espace-temps courbe reproduisait parfaitement les observations expérimentales dans le domaine de la relativité générale, et pour cette raison, la (pseudo-) métrique riemannienne est considérée comme la base et comme une partie intégrante de la relativité générale, même s'il n'est pas possible de mettre ce concept en accord avec la mécanique quantique.

L'espace-temps courbe n'est donc qu'un simple outil pour la représentation de la relativité générale, et par la suite, il sera démontré à l'exemple de la métrique de Schwarzschild que la gravitation peut être représentée non seulement par la courbure de l'espace-temps, mais aussi, de manière parfaitement équivalente, sous la forme de la dilatation du temps gravitationnelle dans l'espace plane et sans courbure.

(Pour l'explication de la gravité quantique, nous limitons le présent chapitre à une brève démonstration de l'équivalence de la gravitation et de la dilatation du temps gravitationnelle. Les caractéristiques plus détaillées de la gravitation en tant que dilatation du temps seront traitées plus tard au **chapitre 6**, afin de pouvoir tenir compte aussi des explications du **chapitre 5** sur le trou noir.)

La métrique de Schwarzschild est une solution exacte de l'équation de champ d'Einstein. Elle décrit les effets de la gravitation qui ont été observés, y compris la déflection de la lumière et la précession apsidiale. L'une de ses caractéristiques est sa simplicité impressionnante, et

---

[9] Albert Einstein, Marcel Grossmann : Entwurf einer verallgemeinerten Relativitätstheorie und einer Theorie der Gravitation, 1913

l'équation[10]

$$ds^2 = -c^2 \left(1 - \frac{2GM}{c^2 r}\right) dt^2 + \frac{dr^2}{1 - \frac{2GM}{c^2 r}} + r^2(d\Theta + sin^2\Theta \, d\phi^2)$$

s'avère être une combinaison élémentaire de la métrique plane de Minkowski avec la dilatation du temps. Pour démontrer cela, nous désignons par la lettre majuscule C (à ne pas confondre avec c sans majuscule de la vitesse de la lumière) la dilatation du temps gravitationnelle de l'horloge d'une particule dans un champ de gravitation au rayon de Schwarzschild r_s, du point de vue d'un observateur lointain en dehors des effets de l'interaction gravitationnelle :

$$C = \frac{d\tau}{dt} = \sqrt{1 - \frac{r_s}{r}} = \sqrt{1 - \frac{2GM}{c^2 r}}$$

On peut constater que ce radicande (le terme rouge sous la racine) apparaît deux fois dans la métrique de Schwarzschild. En insérant C dans l'équation ci-dessus, nous obtenons une forme modifiée de la métrique de Schwarzschild :

$$ds^2 = -c^2(Cdt)^2 + \left(\frac{dr}{C}\right)^2 + r^2(d\Theta + sin^2\Theta \, d\phi^2)$$

Maintenant, nous comparons cette équation qui est toujours la métrique de Schwarzschild avec l'équation correspondante de la métrique de Minkowski qui est la géométrie de l'espace-temps plane, non courbé (ici sous forme de coordonnées polaires) :

---

[10] Normalement nous utilisons la signature (+ - - -), mais ici nous appliquons exceptionnellement la signature (- + + +) qui est souvent utilisée pour la métrique de Schwarzschild.

$$ds^2 = -c^2 \boldsymbol{dt}^2 + \boldsymbol{dr}^2 + r^2(d\Theta + sin^2\Theta \, d\phi^2)^{[11]}$$

Comme nous le voyons, les deux métriques de Schwarzschild et de Minkowski sont presque identiques, et la dilatation du temps gravitationnelle C s'avère être le seul élément distinctif entre l'espace-temps courbe et l'espace-temps plane. Le temps dt est multiplié par la dilatation du temps gravitationnelle C, et la distance dr est divisée par C. La conclusion surprenante : Les effets de la gravitation peuvent être entièrement décrits par la dilatation du temps gravitationnelle, ce qui signifie qu'il n'existe aucun autre effet gravitationnel décrit par la géométrie de Schwarzschild qui ne serait pas imputable à la dilatation du temps gravitationnelle.

Cela confirme que la gravitation peut être représentée non seulement par l'espace-temps courbe, mais aussi d'une façon équivalente par la dilatation du temps gravitationnelle dans l'espace tridimensionnel plane et non courbé. Le concept d'espace-temps courbe n'est donc plus indispensable à la représentation de la gravitation, de sorte que la gravitation n'est plus un obstacle à l'élimination de l'espace-temps.

La description des lignes d'univers sans l'espace-temps

Après avoir fourni une réponse à la question comment décrire la gravitation sans l'espace-temps, nous sommes maintenant en mesure de décrire d'une façon plus détaillée comment l'univers est compatible avec la mécanique quantique. Le point de départ est toujours l'idée que l'espace-temps n'est que de l'observation, et que cette observation ne représente que la moitié du chemin à parcourir pour dériver l'univers réel compatible avec la mécanique quantique. L'observation nous fournit une carte relative qui dépend de l'observateur, et à

---

[11] Cf. p.ex. Robert M. Wald : General Relativity, 1984, p.271

partir de là, dans une seconde étape, nous devons dériver par calcul la réalité absolue qui ne dépend plus de l'observateur.

Une fois l'espace-temps éliminé, ce sont désormais les lignes d'univers qui dominent l'univers. Concernant le paramètre de temps des lignes d'univers, nous avons découvert au **chapitre 2** la méthode selon laquelle l'élimination doit être effectuée. La ligne d'univers d'un objet peut être observée et mesurée dans les coordonnées d'espace-temps d'un observateur et paramétrée par le temps-coordonnée qui correspond à l'horloge de l'observateur. Selon l'équation de dilatation du temps

$$dt = \gamma(v)\, d\tau,$$

ce temps-coordonnée mesuré est le temps propre de l'objet observé multiplié par le facteur de Lorentz gamma de la dilatation du temps qui est une fonction de la vitesse relative entre l'observateur et l'objet observé.

Après la mesure du temps-coordonnée, la ligne d'univers doit être reparamétrée par son temps propre, afin d'éliminer l'espace-temps, en accord avec l'équation du temps propre

$$d\tau = \frac{dt}{\gamma(v),}$$

qui élimine les effets de la dilatation du temps.

Bien entendu, nous devons éliminer non seulement les effets de la dilatation du temps de la relativité restreinte, mais aussi de façon analogue ceux de la dilatation du temps gravitationnelle.

Le résultat est une ligne d'univers qui est paramétrée selon son temps propre respectif, et c'est celle-ci qui peut être considérée comme l'élément fondamental de notre univers.

Elle suit l'équation de l'action d'une particule ponctuelle :

$$S = mc^2 \int d\tau$$

Cette équation est invariante de Lorentz, et elle décrit la ligne d'univers d'une particule sans avoir recours à l'espace-temps, juste en tant que fonction de l'énergie de masse et du temps propre qui sont deux propriétés intrinsèques et invariantes de Lorentz de la particule. Par ce reparamétrage, l'espace-temps a été complètement éliminé, il a disparu !

Cette équation de l'action d'une particule ponctuelle s'applique aux lignes d'univers genre temps des particules massives, tandis que le temps propre des lignes d'univers genre lumière est zéro. Toutes les lignes d'univers paramétrées de telle façon par leur temps propre respectif transportent 100 % de la causalité de notre univers.

Cependant, une fois que nous aurons dérivé cet univers invariant de Lorentz constitué des lignes d'univers, toutes paramétrées par leur temps propre, nous ne devons pas être tentés d'observer cet univers fondamental : Il n'est pas observable. Ceci est tout à fait normal puisque nous venons juste d'éliminer le niveau observationnel qui est l'espace-temps. Pour cette raison, l'univers invariant de Lorentz obtenu comme résultat de notre dérivation par calcul n'est pas accessible à l'observation.

Exemple : Deux particules différentes sont décrites selon leurs équations respectives de l'action d'une particule ponctuelle.

$$S_1 = m_1 c^2 \int d\tau_1 \qquad \text{et} \qquad S_2 = m_2 c^2 \int d\tau_2$$

Chacune des deux équations a son propre paramètre de temps

propre $d\tau_1/d\tau_2$, et les particules n'ont pas été paramétrisées par un paramètre commun dt, comme nous avons l'habitude de le faire. Bien sûr, nous sommes libres de reparamétrer à tout moment les deux lignes d'univers par le paramètre du temps de notre propre horloge, en tant que paramètre commun, mais à ce moment-là, nous quittons à nouveau le niveau de l'univers invariant de Lorentz, et nous nous retrouvons de nouveau au niveau observationnel de l'espace-temps.

En résumé, la conclusion à retenir, c'est celle que les lignes d'univers paramétrées par leur temps propre respectif constituent le composant principal de l'univers de la gravité quantique après l'élimination de l'espace-temps.

Autres caractéristiques de l'univers invariant de Lorentz de la gravité quantique

- **L'espace-temps** n'est que de la simple observation. Il est relatif et dépendant de l'observateur, et il s'agit seulement d'une étape intermédiaire qui permet la détermination de l'univers réel, invariant de Lorentz, moyennant des calculs arithmétiques.

- Au lieu de l'espace-temps, **l'univers** est constitué de lignes d'univers qui doivent être paramétrées comme décrit ci-dessus, de façon indépendante de toute coordonnée d'espace-temps d'observateurs, par leur temps propre respectif. Il est donc possible de décrire l'univers comme l'ensemble de toutes les lignes d'univers des particules. Ces lignes d'univers invariantes de Lorentz se trouvent dans la **variété à trois dimensions de l'espace absolu et non courbé** qui est compatible avec la mécanique quantique.

- La **gravitation** sous forme de dilatation du temps gravitationnelle ralentit l'horloge de la ligne d'univers de la particule et/ ou d'un système quantique doté de masse. C'est exactement de cette façon que la gravitation agit dans la mécanique quantique, et c'est la solution au problème de la gravité quantique.

Exemple : Dans le diagramme suivant, le système quantique proche de la source de gravitation a une fréquence de temps propre plus lente que le système quantique plus éloigné.

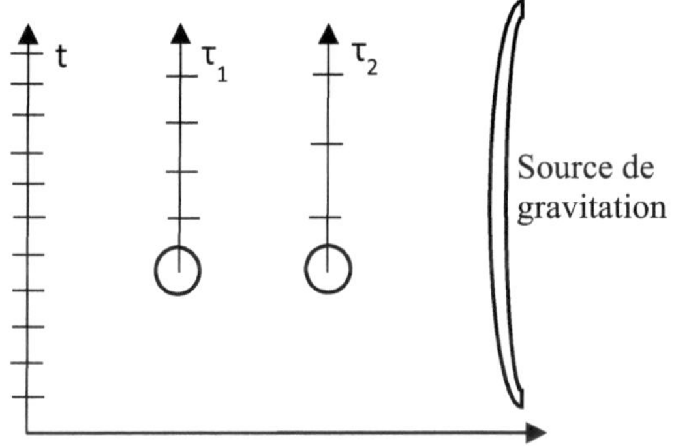

Fig. 4.3 : La gravité quantique : Deux systèmes quantiques avec masse près d'une source de gravitation, avec indication de la fréquence du paramètre de temps propre respectif des particules massives, influencée par la gravitation.

A ce point, la question se pose de savoir comment l'attraction gravitationnelle peut être générée par la dilatation du temps. Logiquement, il n'existe qu'un seul concept susceptible d'être équivalent à l'espace-temps courbe : La force d'attraction est générée par le gradient de la dilatation du temps gravitationnelle, cela veut dire que les particules massives ont tendance à maximiser leur propre dilatation du temps. La dilatation du temps autour d'un corps massif augmente quand la distance diminue. Cela génère une pente (un gradient) en direction de la source de gravitation qui attire la particule massive vers le centre du champ de gravitation.

Contrairement au concept de la courbure de l'espace-temps, ce mécanisme d'attraction gravitationnelle par le gradient de dilatation du temps n'influence aucunement l'espace tridimensionnel. La gravitation peut être décrite comme simple dilatation du temps gravitationnelle - unidimensionnelle le long des lignes d'univers. Il est clair que cette description est beaucoup plus simple que le concept de courbure de l'espace-temps à quatre dimensions. Cette simplification du concept de la gravitation permet non seulement l'harmonisation de la relativité générale avec la mécanique quantique, mais elle servira aussi au public intéressé qui recherche une présentation aussi simple que possible des fondements de la physique.

Contrairement à la description géométrique de la gravitation comme courbure de l'espace-temps, la représentation invariante de Lorentz décrit à nouveau - comme avant l'introduction de la relativité générale - la gravitation comme une force, et la déviation gravitationnelle est réalisée par la dilatation du temps. Au **chapitre 6**, cette force attractive sera décrite plus en détail, et il s'avérera qu'il incombe de nouveau un rôle important à la loi de gravitation newtonienne.

- **Vitesse propre :** Certaines grandeurs physiques courantes n'existent pas dans l'univers réel, indépendant de l'observateur, parce qu'elles peuvent varier selon l'observateur. Cela ne veut pas dire qu'elles perdent leur importance, car elles appartiennent au processus d'observation. Cependant, dans le cadre de l' "univers réel", elles doivent être remplacées par des quantités invariantes de Lorentz, en tenant compte du fait que le temps-coordonnée t doit être remplacé par le temps propre τ.

L'une des quantités physiques les plus importantes qui doit être remplacée est la vitesse. La notion traditionnelle de la vitesse v des particules dépend du temps-coordonnée t :

$$\vec{v} = \frac{\vec{s}}{t},$$

et elle doit être remplacée par une "vitesse absolue" w, invariante de Lorentz, qui est une fonction du temps propre :

$$\vec{w} = \gamma\vec{v} = \frac{\vec{s}}{\tau}$$

Cette vitesse absolue n'est pas complètement nouvelle, et un concept similaire est appelé la "vitesse propre" ou la "célérité". Celle-ci est définie comme la distance mesurée selon le référentiel d'un observateur, divisée par le temps propre de la particule en mouvement.[12] Bien entendu, dans un "univers réel" tel qu'il est défini ici, nous devons nous référer à la distance absolue dans l'espace absolu, au lieu de la notion dépendante de l'observateur de distance.

Pour les déplacements genre lumière ($\tau = 0$), ce paramètre s'approche de l'infini. Cela n'enfreint pas la limitation de vitesse de la relativité restreinte parce que cette vitesse propre n'est pas un paramètre observable. Au **chapitre 7**, le rôle très concret et la signification physique vont être démontrés sur la base d'un exemple, par rapport à la notion du "rayon d'action".

---

[12] Cf. p. ex. Fraundorf : A one-map two-clock approach to teaching relativity in introductory physics, 1996, arxiv 9611011v3 [physics.ed-ph] ; David Hestenes : Spacetime physics with geometric algebra, 2003, p. 9

Les phénomènes genre lumière telles que les champs et les photons dans le vide : Comme les lignes d'univers genre temps, les lignes d'univers genre lumière sont paramétrées par leur temps propre respectif, et en vue du fait que leur temps propre égale zéro, elles sont réduites à un simple point. Puisqu'il s'agit de points, il est clair qu'elles sont symétriques dans le temps. Mais curieusement, ce même point existe à deux endroits différents dans l'espace absolu, au lieu de l'émission et au lieu de l'absorption, bien que l'intervalle d'espace-temps entre ceux-ci égale zéro. Cela est dû au fait qu'il y a deux métriques fondamentales concurrentes dans le concept de gravité quantique que nous présentons ici : Bien sûr, à côté de la métrique de l'intervalle d'espace-temps, il existe aussi la métrique de la distance spatiale, car nous présumons l'existence d'une variété d'espace absolu.

La question se pose donc de savoir comment ces deux métriques différentes peuvent être compatibles l'une avec l'autre. La réponse est surprenante : Les deux métriques font partie de l'équation de la vitesse propre

$$\vec{w} = \frac{\vec{s}}{\tau}$$

La distance spatiale se trouve dans le numérateur, et l'intervalle d'espace-temps est le dénominateur. La vitesse propre s'avère être le quotient des deux métriques.

La vitesse de lumière c en tant que limitation de vitesse : Puisque la vitesse propre de la lumière est infinie, il n'y a pas de limitation de vitesse c dans l'espace absolu. Cependant, cela ne signifie pas que c soit sans importance : c concerne la propagation de l'information, et en tant que tel, il appartient au niveau de l'observation, et d'une manière générale, tous les phénomènes genre lumière sont des produits de la métrique euclidienne, car la métrique lorentzienne les représenterait comme des simples points sans temps propre. Nous pouvons constater que cette interface d'observation avec sa métrique euclidienne, cet espace-temps quadridimensionnel entre l'observateur et l'univers réel sous-jacent, garde toujours un rôle élémentaire, et certains éléments qui sont éliminés lors de la dérivation de l'univers réel remplissent néanmoins une fonction.

... Et la mécanique quantique ?

Nous avons vu que la gravité quantique demande une nouvelle compréhension de la relativité générale en ce qui concerne l'espace-temps. En revanche, très peu change dans la mécanique quantique. Voici les points les plus importants :

Bien sûr, la mécanique quantique aussi incluait et inclut toujours un concept de l' "**espace-temps**", mais il ressemble plutôt à l'espace-temps plane newtonien. Comme dans la relativité générale, nous devons éliminer les éléments appartenant au niveau observationnel afin d'obtenir une structure de l'univers qui correspond à la structure définie ci-dessus pour la relativité générale ; en particulier, les lignes d'univers doivent être paramétrées par leur temps propre respectif.

Le temps est le temps propre comme décrit dans le **chapitre 2**, et le temps propre est principalement généré par les lignes d'univers des systèmes quantiques avec masse.

Sur la base de ce concept, on peut déduire le **principe d'absence de temps** qui pourrait être l'une des conséquences les plus importantes pour la mécanique quantique : Le temps existe exclusivement là où il est expressément défini, tous les autres processus sont dépourvus de temps. Par conséquent, tout temps-coordonnée doit correspondre à une production de temps propre. Pour les phénomènes genre lumière, le temps propre égale zéro, ce qui implique qu'ils sont symétriques dans le temps. En revanche, aucun temps propre n'est défini pour le vide, de sorte que le vide est dépourvu de temps. Cela veut dire concrètement qu'il n'existe pas de points de vide d'espace-temps parce qu'ils nécessiteraient une coordonnée de temps, il y a uniquement des points de vide spatial dans l'espace à trois dimensions.

En ce qui concerne les différents effets de la gravité quantique et en particulier de la gravitation sur les différentes institutions de la mécanique quantique, ils ne peuvent pas être traités ici. A titre d'exemple, on pourrait poser la question comment la gravitation agit exactement par rapport au principe de superposition de la mécanique quantique. Dans le contexte de ce livre, nous devons nous limiter au fait que la gravitation ralentit la fréquence de temps des lignes d'univers. Les conséquences précises de cette interaction sur le plan de la mécanique quantique doivent être déterminées en accord avec le savoir général sur les principes de la mécanique quantique, obtenu sur la base des expériences et des observations.

Confirmation expérimentale de la gravité quantique

Actuellement, on suppose qu'un progrès significatif dans la recherche d'une théorie de gravité quantique sera uniquement possible sur la base de nouvelles observations et expériences. Malheureusement, la plupart des observations et des expériences proposées par les théories courantes sont complètement irréalistes, car elles nécessiteraient une durée de temps astronomique, une précision de mesure hors de portée ou d'autres conditions techniques infaisables. L'espoir se concentre sur des nouvelles connaissances grâce à des équipements de recherche de plus en plus précis, mais souvent extrêmement coûteux, demandant des décennies de temps de construction.[13]

Or, la vraie cause pourquoi on veut recourir à de telles observations/ expériences semble plutôt être le flou des théories actuelles, et la complexité de leur mathématique respective dépasse de loin les mathématiques des deux matières à harmoniser, de la mécanique quantique et de la relativité générale.

Le besoin de ces preuves expérimentales n'est pas dû au problème même de la gravité quantique, le seul but est la confirmation des modèles très complexes, y compris les hypothèses additionnelles sur lesquelles se basent ces différentes théories.

En revanche, la gravité quantique en tant que telle ne nécessite aucune nouvelle expérience ni observation - il ne faut pas oublier le fait que le point de départ de la gravité quantique est justement le problème des contradictions (prétendues) entre les expériences et observations déjà existantes, la théorie de la mécanique quantique étant basée sur des expériences/ observations qui ne sont pas ou qui ne semblent pas être compatibles avec les expériences/ les observations relevant du domaine de la relativité générale. Au lieu de nouvelles expériences, la gravité quantique

---

[13] Cf. p.ex. Claus Kiefer: Quantum Gravity - An unfinished Revolution, arXiv : 2302,13047v1 [gr-qc], p. 18

nécessite donc la solution de la contradiction apparente entre les expériences/ observations existantes. Le but du présent chapitre était d'apporter une telle solution, en démontrant qu'il n'y a aucun "problème de gravité quantique", et que la mécanique quantique et la relativité générale - après l'élimination de l'espace-temps - s'harmonisent sans aucun problème.

Chapitre 5
Les trous noirs : l'infini à l'horizon des événements

Introduction

Les trous noirs comptent parmi les phénomènes les plus fascinants de la physique théorique. Des étoiles géantes sont comprimées par le seul effet de leur propre masse et se rétrécissent à un diamètre inimaginablement petit. Avant que cette compression n'ait lieu, toute matière est constituée essentiellement de vide, parce qu'au niveau moléculaire, les noyaux atomiques sont maintenus à une distance énorme les uns des autres, grâce à leur couche électronique. Or, la pression gravitationnelle lors de la formation d'un trou noir est si forte qu'elle surmonte même cette force électromagnétique qui écarte les noyaux, et l'étoile se réduit à une taille minuscule de l'ordre de son rayon de Schwarzschild. Ce rayon de Schwarzschild d'un objet est proportionnel à sa masse, et à titre d'exemple, il est de seulement trois kilomètres pour le soleil et de seulement neuf millimètres pour la Terre. Bien entendu, après la formation d'un trou noir, d'autre matière est attirée en permanence par la force de sa gravitation, lentement au début, mais en accélération permanente, pour contribuer à l'augmentation continuelle de la masse d'un trou noir.

Les trous noirs suivent des principes physiques très singuliers et curieux, à plusieurs égards :

- Leur particularité principale est le mystérieux horizon des événements qui entoure le trou noir à la distance de son rayon de Schwarzschild. Il représente le principe de la censure cosmique selon lequel il est impossible d'obtenir des informations sur l'intérieur du trou noir. Une fois qu'un observateur a été happé par un horizon des événements, il est impossible de s'en échapper, et même le rayonnement de la lumière est définitivement piégé. Le rayon de Schwarzschild

$$r_s = \frac{2GM}{c^2}$$

  est une fonction de la masse M, de la constante gravitationnelle G et de la vitesse de la lumière c. Le fait que tous les observateurs de l'univers soient toujours d'accord sur la masse de la matière en général et des trous noirs en particulier implique que le rayon de Schwarzschild et l'horizon des événements sont indépendants de l'observateur.

- L'horizon des événements est entouré par une zone de dilatation du temps gravitationnelle extrême dont la force tend vers l'infini (ou en d'autres termes : elle converge vers zéro si nous nous référons au fait que la fréquence des horloges s'approche de l'arrêt, selon le référentiel d'un observateur externe). Cela a pour conséquence que - du point de vue d'un observateur externe - les objets en chute libre décélèrent devant l'horizon, mais tout en continuant à s'approcher éternellement de l'horizon sans jamais l'atteindre.

- Selon le théorème dit de calvitie (le no-hair theorem), un trou noir n'a pas de propriétés individuelles. Un trou noir non rotatif et dépourvu de charge électrique est caractérisé de façon exhaustive par sa seule masse.

Les intervalles d'espace-temps autour d'un tel trou noir sont décrits par la métrique de Schwarzschild. La métrique de Schwarzschild dans la version courante de l'intervalle d'espace-temps

$$ds^2 = -c^2\left(1 - \frac{2GM}{c^2r}\right)dt^2 + \frac{dr^2}{1 - \frac{2GM}{c^2r}} + r^2(d\Theta + sin^2\Theta\,d\phi^2)$$

ou - selon notre préférence - plus correcte mais un peu moins simple, en tant que temps propre

$$d\tau^2 = \left(1 - \frac{2GM}{c^2r}\right)dt^2 - \frac{dr^2}{c^2 - \frac{2GM}{r}} - \frac{r^2}{c^2}\,(d\Theta + sin^2\Theta\,d\phi^2)$$

a déjà été rencontrée au **chapitre 4** sur la gravité quantique. La métrique de Schwarzschild est la description fondamentale de la gravitation et des trous noirs non rotatifs dépourvus de charge électrique, du point de vue de l'observateur externe, mais elle nous apporte plus que cela : elle décrit une géométrie très particulière, dotée d'un horizon des événements où l'infinitude et la finitude se rencontrent, dû à la dilatation du temps gravitationnelle extrême.

Un observateur externe arrivera à la conclusion que rien ne pourra jamais atteindre l'horizon des événements tandis qu'un observateur qui s'y approche le rejoindra en un temps fini. Cette géométrie ambiguë est également appelée la complémentarité des trous noirs, et il s'agit d'une caractéristique importante qui nous aidera par la suite à comprendre les trous noirs et certains principes fondamentaux de l'univers.

Or, cette même complémentarité des trous noirs avait été mal comprise depuis sa découverte, et même jusqu'à ce jour elle fait toujours l'objet de concepts induisant en erreur. Le temps fini nécessaire à un observateur pour rejoindre l'horizon des événements est considéré comme une sorte de réfutation du point de vue de l'observateur externe, aboutissant à une interprétation fondamentalement fausse de la métrique de Schwarzschild.

Dans le présent chapitre nous allons d'abord démontrer qu'il n'y a pas une telle réfutation du point de vue de l'observateur externe. Basé sur ces explications, il sera possible d'éliminer plusieurs contradictions et des problèmes non résolus dus au concept erroné, et nous verrons que la métrique de Schwarzschild nous procure de multiples conclusions par rapport à la structure de notre univers.

Les coordonnées de Kruskal-Szekeres

Actuellement, on suppose que l'observateur qui rejoint l'horizon des événements en un temps fini réfute les observations de l'observateur externe selon lequel un objet ne peut jamais atteindre l'horizon des événements, et pour cette raison, les coordonnées de Schwarzschild dans lesquelles le temps et l'espace vont vers l'infini à l'horizon des événements sont considérées comme incomplètes, tout en soupçonnant que l'espace-temps continue derrière l'horizon. Pour y remédier, d'autres coordonnées alternatives ont été développées qui s'étendent au-delà de l'horizon, par exemple les coordonnées de Kruskal-Szekeres que nous utiliserons par la suite.

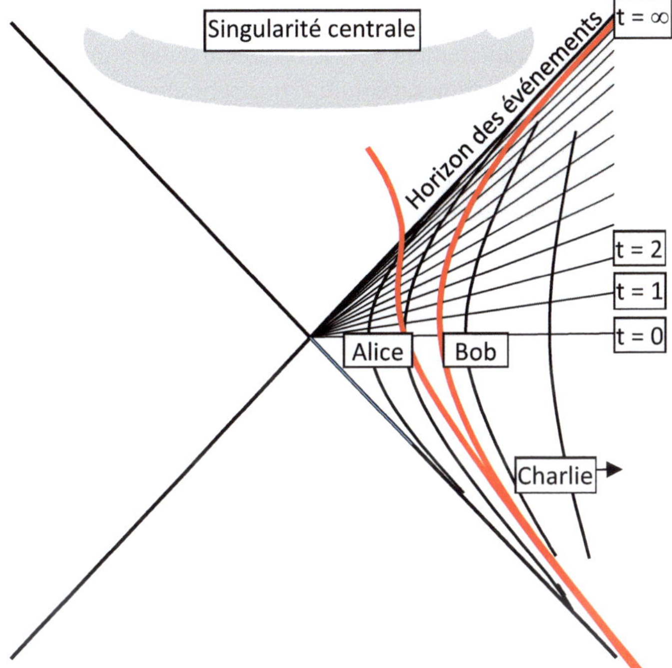

Fig. 5,1 : Les coordonnées de Kruskal-Szekeres

Dans ce diagramme de Kruskal-Szekeres sont représentées les lignes d'univers de la particule A (Alice) qui est un observateur en chute libre à l'approche de l'horizon des événements et de la particule B (Bob) qui plane à constante distance au-dessus de l'horizon, et nous pouvons ajouter Charlie en tant qu'observateur lointain qui se trouve en dehors de la portée de l'interaction gravitationnelle.

Les lignes de simultanéité comptent le temps de notre espace-temps, ou plus précisément : le temps-coordonnée de l'horloge d'un observateur lointain, de zéro vers l'infini, et au lieu de s'étendre horizontalement sous forme de lignes parallèles comme dans l'espace-temps plane, elles sont orientées radialement vers le centre du diagramme. De façon analogue, les lignes d'équidistance par rapport à l'horizon des événements ne sont pas représentées par des verticales, mais par des lignes hyperboliques.

Les lignes de simultanéité et d'équidistance sont souvent omises dans les représentations des coordonnées de Kruskal-Szekeres bien qu'elles soient indispensables, car elles reflètent précisément le déroulement chronologique dans le cadre de la métrique de Schwarzschild : Si nous suivons la logique des coordonnées Kruskal avec leurs lignes de simultanéité, l'univers de l'espace-temps prend de l'âge, et il s'approche pas à pas de l'infini (représenté par les diagonales à 45° de l'horizon des événements), mais l'espace-temps ne se termine jamais, car, quel que soit le temps-coordonnée nous choisissons, nous pouvons toujours trouver un temps-coordonnée fini qui se situe à une unité de temps plus tard. L'horizon est la limite, le plafond qui n'est jamais atteint.

Les coordonnées de Kruskal correspondent au diagramme d'espace-temps et en particulier à l'horloge d'un observateur lointain en dehors de la portée de la gravitation, mais le principe essentiel du temps infini à l'horizon est partagé aussi par tous les autres observateurs qui sont affectés par la gravitation, quelle que soit leur distance de l'horizon des événements, et d'une manière plus générale, à l'univers entier à l'extérieur de l'horizon. Les observateurs externes sont assujettis à la dilatation du temps gravitationnelle (les horloges fonctionnent à différentes vitesses, même entre elles, en fonction de leur distance respective de l'horizon) de sorte que leur diagramme d'espace-temps est plus ou moins déformé par rapport à celui de l'observateur lointain, mais cela n'empêche pas que tous les observateurs sont d'accord sur le fait que l'horizon représente la ligne de simultanéité de l'infini, et donc la fin de notre temps.

Cela implique que l'horizon est une exception du principe de la relativité de la simultanéité : Même si deux observateurs évoluant à différentes vitesses et/ ou situés à des distances différentes par rapport à l'horizon ne sont pas d'accord sur les coordonnées d'espace et de temps et notamment par rapport à la simultanéité de deux événements, ils sont tous d'accord sur le fait que l'horizon des événements représente la ligne de simultanéité de l'infini. Nous pouvons multiplier l'infini par n'importe quel facteur de dilatation du temps, il reste toujours l'infini, et cela s'applique même aux observateurs très proches de l'horizon, de sorte que même à une distance infiniment petite, l'horizon représente le temps infini pour les observateurs externes.

La double perception d'Alice à l'approche de l'horizon[14]

Cela veut dire que lorsque Alice s'approche de l'horizon, toutes les horloges externes montreront comment elle traverse une ligne de simultanéité après l'autre, t = 1, t = 2, etc., et qu'elle n'arrivera jamais à t = ∞, car cela nécessiterait le passage d'un nombre infini d'unités de temps. Par conséquent, tous les observateurs externes de l'univers entier

---

[14] Le sujet de la présente sous-section a fait l'objet d'un essai intitulé "The infalling observer's twofold perception", déposé dans le cadre du concours "Awards for Essays on Gravitation 2023" de la fondation Gravity Research Foundation, où il avait obtenu une "honorable mention".

sont d'accord qu'Alice n'atteindra jamais l'horizon des événements.

En revanche, cela n'est pas le cas pour l'horloge d'Alice car selon son horloge elle accélère, et sa ligne d'univers, sa dynamique et son accélération se comportent parfaitement bien, avec le résultat qu'elle rejoint l'horizon dans un temps fini.

Le problème de l'observateur à l'approche de l'horizon avait été décrit en 1969 par Roger Penrose, l'un des pionniers de la découverte des propriétés des trous noirs, il se référait à une étoile en effondrement :

> *"(...) it would seem that the surface of the star can never cross to within the r = 2m region. However, this is misleading. For suppose an observer were to follow the surface of the star in a rocket ship, down to r = 2m. He would find (assuming that the collapse does not differ significantly from free fall) that the total proper time that he would experience as elapsing, as he finds his way down to r = 2m, is in fact finite."[15]*

> ["(...) Il semblerait que la surface de l'étoile ne puisse jamais accéder à la région à l'intérieur du rayon de Schwarzschild. Cependant, cette affirmation est trompeuse, car nous pouvons supposer qu'un observateur dans un vaisseau spatial suit la surface de l'étoile jusqu'au rayon de Schwarzschild. Il

---

[15] Roger Penrose : Gravitational Collapse : The Role of General Relativity, Rivista di Nuovo Cimento 1 (1969), p. 252-276 ; cf. aussi, déjà 30 ans auparavant, Robert Oppenheimer/ Hartland Snyder : On Continued Gravitational Contraction, Physical Review 56 (1939), 455 ss.

mesurera (si nous présumons que l'effondrement ne se distingue pas de façon significative de la chute libre) que le temps propre total passé lors de son trajet jusqu'au rayon de Schwarzschild est en fait un temps fini.]

Avec cette constatation, Penrose expliquait le fait que pour un observateur en chute libre, seulement un temps propre fini s'écoule jusqu'à l'arrivée à l'horizon. A première vue il semble que ce fait réfute l'hypothèse du temps infini nécessité pour le trajet jusqu'à l'horizon des événements comme mesuré par les observateurs externes, et malheureusement, les descriptions actuelles des trous noirs reprennent en général cette hypothèse : L'observation d'un horizon des événements en tant que singularité impénétrable ne serait qu'une propriété apparente, un phénomène dû à la dilatation du temps sans importance réel, et tout le monde serait donc en mesure de passer l'horizon pour avancer ensuite en direction de la singularité centrale du trou noir.

C'est pour cette raison qu'on préfère généralement ne pas représenter les trous noirs dans des coordonnées de Schwarzschild qui s'approchent de l'infini à l'horizon, et d'utiliser à la place d'autres coordonnées comme les coordonnées de Kruskal-Szekeres qui continuent au-delà de l'horizon ; cependant, cette pratique ne résout pas le problème : Bien qu'il y ait une zone au-delà de l'horizon diagonal qui représente l'intérieur du trou noir, les lignes de simultanéité convergent vers la limite $t = \infty$, sans aucune référence à la zone derrière l'horizon.

Alors, qui a raison, l'observateur à l'approche de l'horizon ou tout le reste de l'univers, la communauté de tous les observateurs externes de notre espace-temps ?

Pour répondre à cette question cruciale, nous devons comprendre le fait que chaque observateur s'approchant de l'horizon est en même temps un observateur externe, pour autant qu'il n'ait pas encore rejoint l'horizon.

Alice dispose de deux canaux concurrents de perception - en tant qu'observateur en chute libre et en tant qu'observateur externe.

Dans son rôle d'observateur externe, Alice est d'accord - sur la base de son diagramme d'espace-temps - que l'horizon représente l'infini. Devant elle, elle voit[16] des objets s'approchant de l'horizon qui mettent un temps infini jusqu'à l'horizon, sans jamais l'atteindre, et Alice suivra l'itinéraire de ces objets. De son point de vue, elle est donc juste un de ces objets, traversant une ligne de simultanéité après l'autre. A l'approche de l'horizon, son horloge subit une dilatation du temps de plus en plus importante, cela veut dire qu'en un tictac ou entre deux battements de son cœur, elle traversera de plus en plus de lignes de simultanéité, et à une distance infinitésimale de l'horizon elle traversera des millions de

____

[16] Le terme "elle voit" ne doit pas être pris au pied de la lettre, il se réfère à ses coordonnées d'espace-temps avec les lignes de simultanéité correspondantes. D'une manière générale, nous devons distinguer pour la question de la simultanéité deux concepts différents, la "photographie du monde" et la "carte du monde". La photographie se réfère à ce qu'un observateur peut voir simultanément, en prenant compte de la vitesse de la lumière. En revanche, la carte du monde se réfère au diagramme d'espace-temps de l'observateur. (cf. Wolfgang Rindler : Relativity, 2006, p. 228). Dans ce chapitre, nous nous référons toujours à la carte du monde d'Alice et à son diagramme d'espace-temps, et ce qu'elle peut effectivement voir à un moment donné n'est pas d'intérêt ici.
122

lignes de simultanéité en un battement de cœur, mais des millions ne sont pas encore l'infini, elle n'est toujours pas au bout, et elle voit toujours un nombre infini d'unités de temps devant elle.[17]

C'est seulement à son dernier pas infiniment petit vers l'horizon que la fréquence de son battement de cœur se ralentira vers zéro, et seulement avec son dernier pas, elle traversera effectivement un nombre infini de lignes de simultanéité en un battement de cœur, de sorte que ce nombre infini qui se trouvait pendant tout le temps devant elle est maintenant derrière elle, et qu'elle est effectivement arrivée à l'horizon des événements.

Ce qu'il faut retenir, c'est que son arrivée à l'horizon survient tout à coup, d'une façon abrupte si nous nous référons à sa qualité d'observateur externe. Jusqu'au tout dernier moment, le nombre infini d'unités de temps devant elle lui indique qu'elle n'arriverait jamais à l'horizon.

Concernant cette trajectoire, nous pouvons distinguer trois phases de l'approche d'un trou noir :

- pas de dilatation du temps,
- dilatation du temps quantitative et
- dilatation du temps qualitative.

Au début de sa trajectoire d'approche, il n'y a pas de dilatation

---

[17] Il faut préciser que nous supposons ici que les lignes de simultanéité soient séparées par des unités de temps qui ne sont pas infiniment petites au début - sinon, parler d'un "nombre infini de lignes de simultanéité" n'aurait aucun sens.
Les unités de temps qui sont égales entre elles selon l'horloge d'un observateur lointain deviennent infiniment petites du point de vue de l'observateur à l'approche de l'horizon des événements.

du temps significative : Alice se trouve loin de l'horizon, et il n'y a pas de grande différence entre son horloge et celle d'un observateur lointain.

Pendant qu'elle s'approche de l'horizon, il y a une dilatation du temps quantitative qui augmente continuellement, et près de l'horizon la dilatation du temps devient extrême, mais Alice est toujours d'accord que l'horizon représente l'infini.

C'est seulement après le dernier pas infinitésimal d'Alice que la dilatation du temps devient qualitative au moment de son arrivée abrupte, après avoir traversé l'infini. A partir de là, Alice se trouve séparée des observateurs externes par un nombre infini d'unités de temps, et elle a quitté les coordonnées de temps des observateurs externes.

C'est exactement cette phase qualitative de la dilatation du temps gravitationnelle où l'infini devient fini, et on ne peut pas plus radical : La conversion survient seulement au dernier moment infinitésimal quand elle rejoint l'horizon, et ce qui est un nombre infini d'unités de temps pour les observateurs externes n'est qu'un pas infiniment petit pour Alice.

Cependant, il semble y avoir une contradiction ici. Comment nous pouvons parler d'une "arrivée abrupte" (du point de vue d'Alice) si elle a été accélérée sans dérangement jusqu'à l'horizon (aussi du point de vue d'Alice !), conformément à la citation de Penrose mentionnée ci-dessus ? Y a-t-il une erreur ici ?

Cette contradiction est due au fait que pour le trajet nous ne devons pas nous référer à la relativité restreinte mais à l'espace-temps de la relativité générale, basée sur la gravitation et la dilatation du temps gravitationnelle, et c'est à cause de la dilatation du temps gravitationnelle que nous devons distinguer deux modes de perception différents, deux canaux d'information pour le même observateur Alice, une fois avec et une fois sans la dilatation future du temps : son horloge et son diagramme d'espace-temps.

Selon son horloge elle est un observateur en chute libre, elle accélère en permanence dans l'espace et atteint l'horizon en un temps fini, s'attendant à ce qu'elle passe l'horizon à haute vitesse. Par ailleurs, son horloge représente aussi ce que son corps ressent physiquement, à savoir une accélération permanente.

En revanche, selon son propre diagramme d'espace-temps d'un observateur externe, elle ralentit à une vitesse proche de zéro, mais toujours en s'approchant continuellement de l'horizon, sans jamais l'atteindre.

La question se pose de savoir pourquoi il y a deux manières de perception différentes, pourquoi le diagramme d'espace-temps ne suit-il pas simplement l'horloge d'Alice ?

La raison se trouve dans le fait que le diagramme d'espace-temps ne peut pas prendre en compte l'augmentation future de la dilatation du temps gravitationnelle de son horloge. Les coordonnées de temps d'un diagramme d'espace-temps sont strictement linéaires, avec une graduation en unités de temps identiques, toujours en se référant à l'exposition actuelle à la dilatation du temps gravitationnelle. La raison pour laquelle elles ne peuvent pas prendre en compte les futures variations de la dilatation du temps est le fait que tout observateur est libre de choisir son futur itinéraire. Alice peut donc choisir si elle souhaite augmenter ou réduire sa dilatation du temps, en s'approchant ou en s'éloignant de la source de gravitation, elle peut décider de changer de cap ou même de faire demi-tour pour retourner au point de départ, ou une collision peut la faire dévier de sa trajectoire initiale.

Ce libre choix d'Alice apparaît surtout au début de son trajet quand elle ressent à peine la force gravitationnelle. Mais même jusqu'au dernier moment avant l'horizon, Alice dispose toujours de la possibilité théorique de faire demi-tour ou de juste dévier un peu de son itinéraire radial, et elle pourrait être déviée par un autre objet. En vue de ce libre choix, son itinéraire futur n'est pas prévisible. La chute libre n'est qu'une option parmi d'autres.

Un diagramme d'espace-temps ne peut pas prendre en compte de tels changements futurs de la dilatation du temps, et c'est ça la raison pourquoi il doit toujours être basé sur le coefficient de dilatation du temps actuel d'Alice. Un diagramme d'espace-temps n'est pas en mesure de distinguer si un observateur externe est un observateur à l'approche de l'horizon ou pas. Au contraire, tout l'axe de temps de son diagramme d'espace-temps doit obligatoirement être basé sur le degré de dilatation du temps auquel Alice est actuellement exposée à un moment donné. C'est cela la perception de tout observateur externe.

Par conséquent, pendant son voyage à l'approche de l'horizon, son diagramme d'espace-temps change continuellement, la graduation de son axe de temps est étirée de plus en plus, l'axe de temps étant toujours basé sur la dilatation du temps actuelle sans jamais prédire la dilatation du temps future.

On peut comparer cette situation à un simulateur de vol : Alors qu'elle ressent physiquement qu'elle est en accélération permanente, conformément au premier point de vue, Alice voit un scénario différent sur l'écran du simulateur, jusqu'à la fin, selon lequel les objets prennent un temps infini pour atteindre l'horizon des événements, avec un mouvement infiniment lent devant l'horizon, et Alice est assimilée à ces objets. Pendant sa chute libre, le simulateur adapte continuellement la dilatation du temps qui augmente, mais cela n'apporte aucun changement qualitatif de la situation, elle a toujours un nombre infini d'unités de temps devant elle. C'est seulement à son arrivée à l'horizon que sa perception changera brusquement, et elle se trouve tout à coup à l'horizon, alors qu'elle avait observé en permanence l'inaccessibilité de l'horizon auparavant.

Le premier aspect peut être compris comme une sorte de point de vue "effectif" : Quand Alice rejoint l'horizon à la fin de sa chute, elle est effectivement arrivée en un temps fini. Sur son chemin, elle a l'impression - en accord avec sa montre - qu'elle mettrait un temps donné pour une distance donnée quelconque, mais ce temps requis diminue en permanence "de façon inattendue", à cause de la modification permanente de son diagramme d'espace-temps, due aux effets de la dilatation du temps gravitationnelle. Au début, cette modification est légère, mais avec la dilatation du temps croissante, la diminution devient de plus en plus importante, jusqu'au cas limite de son arrivée à l'horizon où le temps est réduit à zéro selon son diagramme d'espace-temps. Selon ce schéma, Alice traverse chaque segment de temps et chaque segment de distance du diagramme de Kruskal sur son chemin vers l'horizon, toujours plus vite que pronostiqué auparavant. Le cas extrême est le dernier segment devant l'horizon des événements où le trajet se déroule non seulement plus vite que prévu, mais elle traverse l'infini en un temps fini.

En résumé, Alice peut choisir si elle se fie à ce qu'elle ressent, l'accélération continue, tout en présumant que sa chute radiale continuera jusqu'à l'horizon (et même au-delà), ou qu'elle se préserve la possibilité de décider de son futur itinéraire, en consultant en permanence son diagramme d'espace-temps actuel, dans son rôle d'observateur externe.

Deux façons de perception contradictoires, l'horloge d'Alice et son diagramme d'espace-temps.

Le grand "showdown" survient à l'horizon des événements. Elle arrive de façon abrupte à l'horizon parce qu'avec son dernier pas infiniment petit elle traverse un nombre infini de lignes de simultanéité, selon l'horloge d'un observateur externe.

En conclusion, c'est donc Alice qui a raison puisqu'elle a effectivement rejoint l'horizon en un temps fini. Mais cela signifie-t-il que tous les observateurs externes de l'univers entier ont tort s'ils disent qu'Alice ne rejoindrait "jamais" l'horizon des événements ?

La réponse est clairement non, et bien sûr, il semblerait étrange que tous les observateurs de notre espace-temps entier soient d'accord sur un raisonnement erroné. La contradiction apparente entre Alice à l'horizon et tous les observateurs externes s'explique par le fait que l'horizon des événements représente la fin de notre espace-temps, et lorsque Alice y arrive, elle a quitté les limites de notre espace-temps. Par conséquent, si nous (et tous les autres observateurs de notre espace-temps) disons qu'Alice ne rejoindra "jamais" l'horizon, cela est juste si nous comprenons "jamais" au sens de "jamais dans le temps de notre espace-temps."

Vu du référentiel d'Alice, son horloge subit une dilatation du temps de plus en plus forte pendant sa chute libre vers l'horizon, et pour cette raison, l'univers progresse de plus en plus vite. Sur son chemin vers l'horizon, elle vit l'histoire entière de l'univers, tout le temps externe de l'espace-temps, de façon de plus en plus accélérée à cause de la dilatation du temps, et au moment du début de son dernier pas, l'univers est presque arrivé à sa fin.[18]

Elle rejoint l'horizon simultanément avec la fin de l'univers et simultanément avec la fin de l'axe de temps de notre espace-temps sur laquelle tous les observateurs externes sont d'accord (par exception à la règle de la relativité de la simultanéité). Cela veut dire qu'en traversant l'horizon des événements, elle se déplace au-delà de l'infini de notre espace-temps, et par conséquent ses coordonnées de temps ne correspondent plus à nos coordonnées de temps car notre axe de temps est arrivé à sa fin. En bref : Nous ne savons pas où elle est arrivée, mais ce qui est sûr, c'est qu'elle a quitté l'univers de notre espace-temps, en vue du fait que la zone au-

---

[18] Afin de bien visualiser la dilatation du temps gravitationnelle du point de vue de l'observateur en chute libre, nous recommandons d'adopter un modèle simplifié de l'univers : A cette fin, nous pouvons nous imaginer l'univers comme une galaxie en rotation. Pendant qu'Alice commence à s'approcher de l'horizon des événements, la galaxie commence à tourner, au début sa rotation est à peine perceptible, puis elle accélère de plus en plus. Lorsqu'Alice atteint l'horizon, la rotation devient infiniment rapide, et juste avant la fin de ce "film", la galaxie en rotation est remplacée par un instant éclair symbolisant la fin de l'univers (peu importe à quoi ressemble cette fin). Le scénario d'une galaxie en rotation est plus facilement à imaginer qu'un Big Rip ou un Big Crunch.

delà de l'horizon ne fait plus partie de notre espace-temps.

Tout compte fait, contrairement aux idées reçues, les coordonnées de Schwarzschild ne sont pas incomplètes : Elles représentent simplement l'univers dans les limites de notre espace-temps qui se termine à l'horizon des événements, et il est complètement inutile de chercher une continuation de l'espace-temps à l'intérieur de l'horizon, et l'observateur s'approchant de l'horizon en un temps fini n'est donc pas une "preuve" du contraire car à l'horizon il quitte notre espace-temps. Tout ceci est illustré avec beaucoup de précision dans les coordonnées de Kruskal, selon lesquelles notre espace-temps est confiné au quartier droit du diagramme, et l'horizon est la limite vers laquelle l'espace-temps converge. En ce qui concerne le quartier supérieur, au-delà de l'horizon, il pourrait y avoir quelque chose après la fin de notre temps, mais ce ne ferait pas partie de notre espace-temps.

Par conséquent, la métrique de Schwarzschild montre que - dans le continuum de l'espace absolu - notre espace-temps a une limite au niveau des horizons des événements des trous noirs de l'univers. De même, la censure cosmique se passe exactement à la fin de notre espace-temps, et la singularité centrale - si jamais une telle existe - ne doit donc pas être traitée comme un problème non résolu de notre espace-temps parce qu'elle se trouve à l'extérieur de notre espace-temps derrière l'horizon. Cependant, en ce qui concerne l'espace à trois dimensions, nous partageons avec le trou noir le même continuum spatial qui avait été décrit au chapitre 4, la gravitation peut être décrite comme dilatation du temps gravitationnelle dans l'espace absolu. Le centre du trou noir est identifié avec précision dans nos coordonnées spatiales, au centre de l'horizon des événements. Contrairement aux coordonnées de l'espace-temps, il n'y a pas de problème de singularités par rapport aux coordonnées spatiales.

En conclusion, il s'avère que la censure cosmique a un caractère purement temporel : La censure est un simple "rideau de temps" à l'horizon qui décélère les objets si fortement que ceux-ci doivent littéralement "traverser l'éternité" (selon l'horloge d'un observateur externe) avant de rejoindre l'horizon.

En plus, la métrique de Schwarzschild nous montre la possibilité d'un "univers après notre univers", un monde après l'infini, mais nous devons accepter le fait que notre espace-temps se réfère uniquement à notre univers, et ce serait une erreur de croire que nous puissions décrire par les coordonnées de notre espace-temps ce qui se passe après notre espace-temps.

A cet égard, nous pouvons distinguer deux référentiels différents : Bob représente le point de vue d'un observateur quelconque à l'intérieur de notre espace-temps, ce dernier se terminant définitivement à l'horizon des événements. L'horloge de Bob est limitée par l'infini de notre espace-temps. En revanche, quand Alice rejoint l'horizon, elle a quitté notre espace-temps, elle entre dans un monde qui n'appartient pas à notre espace-temps, et de ce fait elle adopte une sorte de référentiel "supra-universel" qui va au-delà de notre espace-temps et qui crée une sorte de lien entre le monde de notre espace-temps et l'intérieur de l'horizon, du fait que, pour elle, l'infini de notre univers est devenu fini.

Le principe de la complémentarité nous dit qu'Alice (et toutes les autres particules qui rejoignent l'horizon d'un trou noir) vit dans deux mondes complémentaires : D'une part, elle vit dans un univers qui est le monde de notre continuum de l'espace-temps, censé être doté d'un axe de temps infini (selon l'axe de temps d'un observateur externe). D'autre part, elle vit dans un univers dans lequel notre espace-temps n'est qu'un composant de durée finie, selon un référentiel "supra-universel", situé peut-être entre deux espace-temps et formant une sorte de cosmologie cyclique où les particules vont d'un univers à l'univers suivant (selon le référentiel de l'observateur qui a rejoint l'horizon des événements).

A ce point, nous pouvons apercevoir la raison pour la fausse interprétation actuelle de l'horizon des événements : On suppose que l'observateur Alice soit assujetti à l'espace-temps de la relativité générale même après avoir rejoint l'horizon, avec la conséquence de paradoxes insurmontables. Cette fausse interprétation est notamment due au fait que, du point de vue d'Alice, la traversée de l'horizon en chute libre semble se passer sans aucun dérangement, donnant l'impression que l'horizon ne soit pas une véritable limite. Cependant, le diagramme de Kruskal montre clairement que notre espace-temps se limite au quartier à droite, et qu'Alice arrive à l'horizon à un point où elle quitte notre espace-temps. Par conséquent, la complémentarité des trous noirs n'est pas une propriété intrinsèque de l'espace-temps, il s'agit de la complémentarité des référentiels de l'espace-temps d'une part et du référentiel "supra-universel" d'autre part. Dans le cadre de cette complémentarité, l'espace-temps s'avère bien fermé et sans aucune incohérence. Des problèmes surviennent seulement si quelqu'un essaie de mesurer les zones au-delà de l'espace-temps avec les outils intrinsèques de l'espace-temps bien qu'elles n'appartiennent pas à l'espace-temps.

Alice meets Bob !

Y a-t-il simultanéité à l'infini ?

Comme nous l'avons vu dans le diagramme de Kruskal en **fig. 5.2**, l'horizon des événements représente la ligne de simultanéité t = ∞. Selon l'horloge de l'observateur lointain Charlie, les lignes d'univers de tous les observateurs, objets et particules proches du trou noir traversent une à une les lignes radiales de simultanéité des coordonnées Kruskal, t = 1, t = 2, etc.

La ligne de simultanéité t = ∞ semble être la plus mystérieuse : elle est située à un endroit bien défini, exactement sur la diagonale qui représente l'horizon, et tous les observateurs externes - quelle que soit leur exposition actuelle à la dilatation du temps gravitationnelle - sont d'accord sur le fait que l'horizon des événements représente la ligne de simultanéité de l'infini.

De plus, cette ligne de simultanéité de l'infini est en même temps la ligne d'équidistance où la distance vers la singularité du trou noir égale le rayon de Schwarzschild ($r = r_s$), et où la distance à l'horizon des observateurs à l'approche se réduit à zéro (d = 0). Cela veut dire que selon la métrique de Schwarzschild, tous les observateurs, objets et particules qui jamais ne rejoignent l'horizon (d = 0) le feront "simultanément à l'infini".

La question se pose ici de savoir s'il peut y avoir une telle "simultanéité à l'infini". D'une part, cela paraît tout à fait évident si on se réfère aux coordonnées Kruskal-Szekeres en **fig. 5.1** où l'horizon est une diagonale bien définie, et d'une manière générale, l'horizon des événements est considéré comme un endroit qui se comporte normalement. D'autre part, l'infini n'est pas considéré comme un nombre et, à première vue, il semble difficile d'imaginer deux personnes qui se donnent rendez-vous à un moment qui correspond à l' "infini", et il semble encore plus difficile d'imaginer que deux observateurs qui s'approchent de l'horizon l'un après l'autre doivent forcément rejoindre l'horizon de façon simultanée.

Dans ce qui suit, nous allons analyser cette question, en considérant l'exemple d'un scénario de deux observateurs, le deuxième suivant le premier sur son chemin vers l'horizon.

Dans cet exemple, Alice tombe radialement dans le trou noir. Nous supposons que, d'après son horloge, elle arrive à l'horizon après un an de voyage, tandis qu'un observateur lointain mesurera un temps de voyage infini. Si, ultérieurement, Bob devait tomber à son tour dans le trou noir, il devient lui aussi un observateur à l'approche de l'horizon (voir ci-dessous fig. 5.2). Nous supposons qu'il commence à suivre Alice après un temps d'attente de 1000 ans, et nous allons essayer de comprendre pourquoi il devrait rattraper Alice à la ligne d'équidistance de l'horizon qui est aussi une ligne de simultanéité.

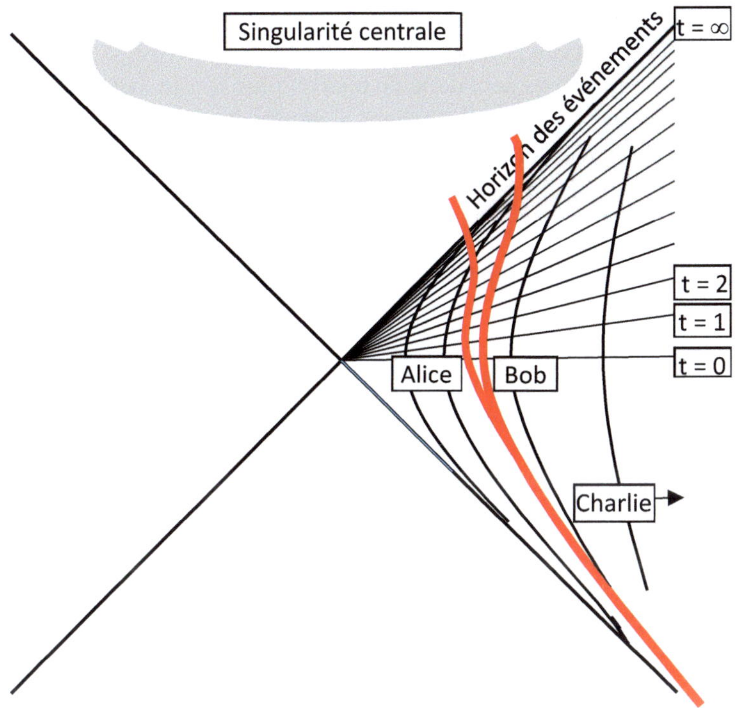

Fig. 5.2 : Deux observateurs s'approchant successivement d'un horizon des événements

Pour cela, nous supposons que chaque intervalle entre les lignes de simultanéité correspond à 250 ans (selon l'horloge de l'observateur lointain). Cela veut dire qu'Alice est toujours en avance sur Bob de 4 lignes de simultanéité ou de 4 unités de temps. Elle franchira donc chaque ligne d'équidistance 4 unités de temps avant Bob, et elle atteindra aussi la ligne finale d'équidistance, l'horizon, avec 4 unités de temps d'avance. Cependant, sa vitesse sera ralentie par la dilatation du temps pendant son approche de l'horizon (selon l'horloge d'un observateur lointain), la distance qu'elle voyagera en une unité de temps sera donc de plus en plus courte, convergeant à la fin vers zéro, et même 4 unités de temps (1000 ans) correspondront à une distance parcourue qui converge vers zéro, de façon à ce que Bob sera en mesure de rattraper son retard par rapport à Alice.

De plus, il faut rappeler le fait qu'Alice en tant qu'observateur à l'approche de l'horizon est aussi un observateur externe, pendant le temps qu'elle se trouve à l'extérieur de l'horizon, et par conséquent, jusqu'au tout dernier moment de son dernier pas infiniment petit - de son point de vue en tant qu'observateur externe - l'horizon représente toujours l'infini de sorte qu'un nombre infini d'unités de temps se trouve entre elle et l'horizon (cf. la section précédente). C'est seulement avec son dernier pas infiniment petit avant son arrivée à l'horizon et à la ligne de simultanéité $t = \infty$ qu'elle traverse un nombre infini d'unités de temps (selon l'horloge d'un observateur lointain) en un temps infiniment petit (selon son horloge), étant donné que la dilatation du temps tend vers l'infini. Il est évident que l'intervalle de 1000 ans entre Alice et Bob devient négligeable par rapport à ce nombre infini d'unités de temps parcourues.

Trois autres questions se posent dans cet exemple de deux observateurs qui partent successivement à l'approche de l'horizon :

1. Comment se peut-il que Bob qui part plus tard qu'Alice et qui suit l'itinéraire radial de celle-ci arrive à l'horizon en même temps qu'elle ? La réponse est la dilatation du temps : Alice a toujours une avance de 4 unités de temps, elle est donc toujours plus proche de la source de gravitation, exposée à une dilatation du temps plus forte que Bob, et sa montre

avance moins vite, et cela depuis le début quand elle commence son chemin plus tôt que Bob jusqu'à la fin à l'arrivée à l'horizon. C'est cette dilatation du temps qui s'additionne à une différence totale de 1000 ans.

2. Mais comment est-il possible qu'il y ait un seul événement "Alice rencontre Bob" si le diagramme de Kruskal en **fig. 5.2** nous montre clairement qu'Alice et Bob ne rejoignent pas l'horizon au même point (Alice arrive plus à gauche, Bob plus à droite) ?

La réponse : Le diagramme de Kruskal n'est aucunement isométrique, il ne préserve pas les longueurs. L'horizon est la limite extrême, sous deux aspects différents :

- D'une part, l'horizon est la limite des lignes de simultanéité, avec $t = \infty$, cela veut dire que le temps externe est le même sur tout l'horizon.

- D'autre part, l'horizon est aussi une ligne d'équidistance, c'est la limite des lignes hyperboliques d'équidistance spatiale, la distance radiale est égale au rayon de Schwarzschild, et elle est donc la même sur tout l'horizon.

Le temps est le même et la dimension spatiale est la même, cela veut dire que l'horizon dans le diagramme ne représente qu'un seul point de l'espace-temps, et en effet, le diagramme Kruskal ne montre qu'un seul point de la sphère de l'horizon - il faut rappeler que dans les coordonnées de Kruskal à deux dimensions, deux coordonnées spatiales ne sont pas représentées, et elles ne sont pas nécessaires parce que nous étudions ici uniquement des mouvements radiaux.

3. La question finale est le point crucial : Comment peut-on traiter la simultanéité à l'infini de la même façon qu'un rendez-vous à un moment fini ? Par chance, il existe une

réponse claire et univoque à cette question, simplement en changeant de référentiel :

L'observateur lointain Charlie mesure qu'Alice et Bob atteignent l'horizon simultanément à $t = \infty$ de sorte que leur rencontre se passe à l'infini. En revanche, selon les horloges respectives d'Alice et de Bob, ils rejoignent l'horizon à un moment précis en un temps fini. Même si l'horizon représente l'infini pour tous les observateurs externes, il est donc fini selon les horloges des observateurs ayant rejoint l'horizon, et ce fait évite le problème de l'infini.

Bien sûr, les horloges d'Alice et de Bob ne sont pas synchronisées, elles sont soumises à la dilatation du temps. A l'arrivée à l'horizon après un an de voyage, l'horloge d'Alice affichera la fin de l'année 1, et l'horloge de Bob la fin de l'année 1001, car il attendait 1000 ans avant de suivre l'itinéraire d'Alice. Lorsque Bob rattrape Alice, cela est un événement, au même titre qu'une collision de particules, et si une collision est observée dans un référentiel, elle est observée dans tous les référentiels. Par conséquent, il suffit de changer de référentiel, de Charlie à Alice et/ ou à Bob, pour obtenir un événement en temps fini, tout en évitant ainsi la question si l'infini peut être considéré comme un moment précis dans le temps.

En conclusion, nous pouvons en déduire pour le cas spécifique des observateurs à l'approche d'un trou noir de la métrique de Schwarzschild qu'il y a simultanéité à l'infini, car de leur point de vue, l'événement se passe dans un temps fini. En plus, nous pouvons confirmer pour le référentiel d'un observateur lointain ce que les coordonnées de Kruskal-Szekeres suggèrent : Le temps à l'infini s'avère être un moment aussi bien défini dans le temps que les moments finis.

Alice et Bob ne sont pas seuls ...

L'exemple de Bob qui suit Alice a montré qu'il n'y a pas lieu de douter de la simultanéité à l'infini. Jusque-là, ce fait est rarement pris en compte par la physique théorique, et en règle générale, les lignes de simultanéité et d'équidistance ne reçoivent que peu d'intérêt quand on parle des coordonnées Kruskal-Szekeres, ces lignes sont souvent simplement omises dans les diagrammes.

Pourtant, la ligne de simultanéité à l'infini est d'une importance fondamentale pour la compréhension des trous noirs, car elle permet la conclusion que non seulement Alice et Bob mais toutes les particules jamais tombant dans un trou noir - quel que soit le moment - rejoignent l'horizon des événements simultanément, l'horizon est une ligne de simultanéité pour tous les observateurs.

Mais ce n'est pas tout. Nous pouvons même déduire que toutes les particules qui jamais tombent dans un trou noir quelconque de notre univers le feront simultanément, à la fin de notre univers et à la fin de notre temps.

Vice versa, nous pouvons en déduire que, selon la métrique de Schwarzschild, la fin du temps - quelle que soit sa nature : Big Rip, Big Crunch ou autre - à l'infini est un moment précis, un moment qui est confirmé et bien défini par les lignes d'univers concordantes des observateurs s'approchant de l'horizon.

Les trous noirs sont creux - le paradigme de la membrane

Nous avons vu que tous les observateurs de l'univers entier de notre espace-temps sont d'accord sur le fait que rien ne peut jamais traverser l'horizon des événements des trous noirs dans le temps de notre espace-temps, et même les observateurs s'approchant de l'horizon dans leur rôle d'observateur externe et en tant que membres de notre espace-temps sont d'accord sur ce point de vue, tant qu'ils n'ont pas encore atteint l'horizon. L'espace-temps a une limite naturelle à l'horizon des événements, et l'intérieur de l'horizon ne fait pas partie de notre espace-temps tel qu'il est défini par la relativité générale.

Puisque les particules à l'approche de l'horizon, du point de vue externe, ne rejoindront jamais l'intérieur de l'horizon, ils s'accumulent à proximité directe de l'horizon des événements. Plus une zone est proche de l'horizon, plus une particule restera longtemps dans cette zone. Par conséquent, une partie importante de la matière va s'accumuler à une distance infiniment petite de l'horizon, tout en continuant pourtant de s'approcher, à une vitesse infiniment lente. Nous allons découvrir dans la prochaine section sur la formation et la fusion des trous noirs que nous pouvons présumer que même la matière qui initialement avait participé à la formation d'un trou noir ne devrait pas être située à l'intérieur, mais elle devrait rejoindre la matière à l'extérieur de l'horizon, à cause de l'effet répulsif de la gravitation.

Selon un observateur externe, la matière à l'approche de l'horizon s'accumulera autour de l'horizon des événements creux pour y former une sorte de "membrane". Ce résultat ressemble à un concept actuel important par rapport aux trous noirs, le paradigme de la membrane d'un horizon étendu. De la même façon que ce qui a été expliqué ci-dessus, selon le paradigme de la membrane aussi, la masse d'un trou noir ne se trouve pas à l'intérieur de l'horizon des événements, mais à l'extérieur à une distance infiniment petite, et il est utilisé en tant que formalisme pour la description de différentes propriétés des trous noirs.[19]

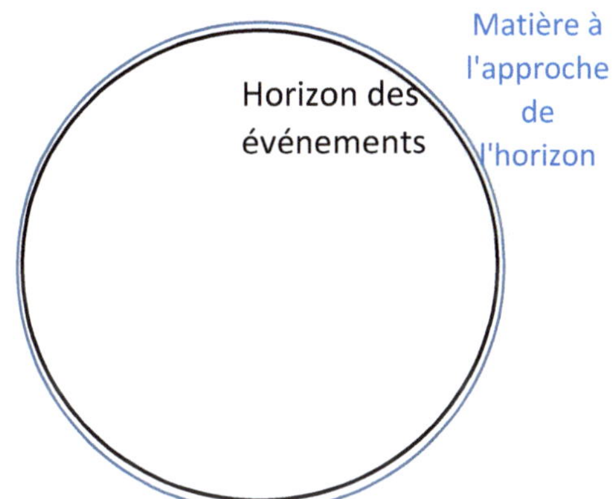

Fig. 5.3 : Les trous noirs sont creux, la matière à l'approche s'accumule dans l'environnement immédiat de l'horizon des événements

Cependant, nous avons pu constater que ce concept du paradigme de la membrane s'avère être bien plus qu'un simple formalisme, étant donné qu'il semble correspondre à la réalité de notre espace-temps. En particulier, nous avons vu que les lignes de simultanéité des coordonnées Kruskal-Szekeres s'approchent de l'horizon des événements sans jamais

---

[19] Richard H. Price, Kip S. Thorne : Membrane viewpoint on black holes : Properties and evolution of the stretched horizon, 1986, Physical Review D, 33, 915, avec d'autres références

l'atteindre, et nous pouvions voir clairement que la plupart des lignes de simultanéité (un nombre infini, pour être précis) se trouvent à une distance infinitésimale de l'horizon.

Le concept des trous noirs creux nous révèle plusieurs découvertes fondamentales par rapport aux trous noirs :

1. Une conclusion importante est le constat que, *stricto sensu*, les trous noirs n'existent pas (encore) ! Il s'agit de la conséquence logique du fait que la matière n'a pas encore rejoint l'horizon. Les trous noirs se forment donc seulement à la fin du temps de notre espace-temps, quand toute la masse à l'approche est censée atteindre l'horizon des événements, et avant on ne peut parler que de trous noirs approximatifs.

Cependant, ce fait n'empêche pas l'apparition des effets des trous noirs, et en particulier la physique et la géométrie de la métrique de Schwarzschild comme elles sont représentées dans les coordonnées de Kruskal sont largement présentes. La membrane du trou noir qui se trouve principalement à une distance infiniment petite de l'horizon assure que les propriétés des trous noirs telles que la censure cosmique sont presque complètement établies.

2. En outre, le concept du trou noir creux permet de résoudre le paradoxe de l'information des trous noirs, c'est-à-dire la perte apparente des informations quand la matière tombe dans un trou noir, du fait qu'un trou noir ne contient pas d'autres informations que sa masse, son moment angulaire et sa charge électrique. Il est clair qu'aucune information ne peut être perdue parce que la matière porteuse de l'information ne franchira jamais l'horizon des événements avant la fin du temps de notre espace-temps.

De la même manière, toute la thématique du rayonnement de Hawking, complétée par la question correspondante d'une éventuelle "évaporation" de la masse des trous noirs est transférée vers la zone à l'extérieur de l'horizon, et par conséquent, elle peut être évaluée selon les principes généraux de la relativité générale et de la mécanique quantique qui régissent notre espace-temps parce que rien ne devrait jamais se passer au-delà de l'horizon des événements.

3. Aussi, comme toute la masse d'un trou noir est située à l'extérieur de l'horizon, la question se pose si des trous noirs en rotation (dotés de la métrique de Kerr) peuvent exister. La raison, c'est que rien ne se trouve à l'intérieur de l'horizon du trou noir creux qui pourrait fournir un moment angulaire, du moins rien qui appartienne à notre espace-temps.

Les observations astronomiques montrent que pratiquement tous les trous noirs se trouvent en rotation, mais il faut supposer qu'il ne s'agit pas d'une rotation du trou noir lui-même à l'intérieur de l'horizon des événements mais de la rotation de la matière formant la membrane. Cette membrane est située à l'extérieur de l'horizon et donc soumise aux lois générales de la dynamique de la masse dans l'espace-temps, sans besoin d'une métrique particulière pour les trous noirs.

La formation et la fusion des trous noirs

Comment les trous noirs se forment-ils, et comment deux trous noirs fusionnent-ils pour former un seul trou noir plus grand ? Et si nous considérons le paradigme de la membrane comme le modèle qui décrit la réalité de sorte que toute la matière entrante s'accumule autour de l'horizon des événements, on pourrait se poser la question s'il n'y a pas de la matière à l'intérieur de l'horizon qui s'y trouvait déjà lors de la formation du trou noir. Devons-nous traiter cette matière d'une manière différente de la matière qui arrive après la formation du trou noir ? Pour répondre à ces questions, nous regardons d'abord de plus près le processus de la fusion de deux trous noirs avec leurs membranes respectives :

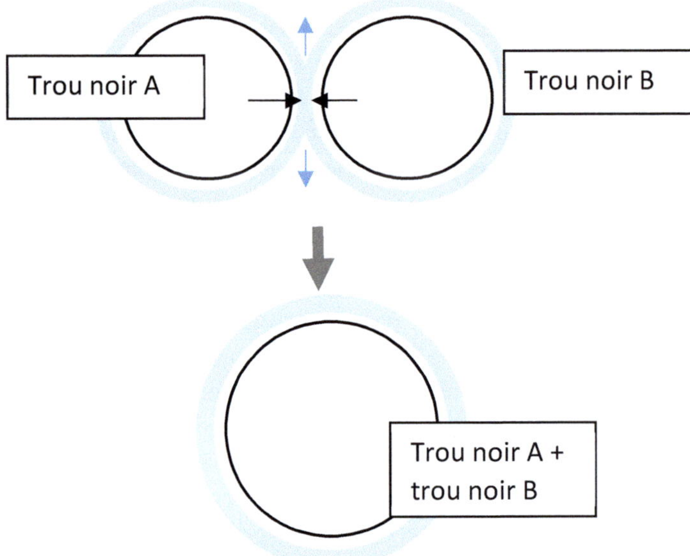

Fig. 5.4 : La fusion de deux trous noirs

La fusion de deux trous noirs est principalement entrainée par l'attraction gravitationnelle (les flèches noires radiales), mais à proximité de l'horizon, la force gravitationnelle de répulsion radiale devient prédominante, et elle entraine la répulsion de la membrane de la zone de collision des deux trous noirs (les petites flèches bleues tangentielles). La force répulsive est

144

radiale, de la même façon que la force attractive, mais la somme des forces répulsives prédominantes et des forces attractives, plus faibles, aboutit à une force répulsive tangentielle qui évacue les particules massives de la zone de fusion. Plus de détails concernant la nature des deux forces et leur rapport entre elles se trouvent au **chapitre 6**.

La force répulsive assure lors de la rencontre de deux trous noirs que les deux membranes de matière (bleues en **fig. 5.4**) autour des deux horizons (noirs) fusionnent pour former une grande membrane, quelle que soit la taille des trous noirs, empêchant toute intrusion de matière à l'intérieur de l'horizon. Les deux horizons qui fusionnent forment un seul horizon plus grand, et toute la matière reste à l'extérieur.

Nous avons donc vu que toute la matière s'approchant de l'horizon du trou noir s'accumule proche de l'horizon, et que les deux horizons en collision forment un horizon plus large. Mais qu'est-ce qui se passe avec la matière qui se trouvait déjà à l'intérieur de l'horizon lors de la formation du trou noir ? Faut-il faire une distinction entre la matière extérieure et la matière intérieure ?

Notre réponse à cette question se base sur la description ci-avant de la fusion de deux horizons. Concrètement, nous devons analyser la phase qui précède la formation d'un trou noir, donc l'accumulation d'une grande quantité de matière qui est comprimée du fait de sa propre masse, s'approchant de la forme d'un trou noir.

Pour cela, il faut tenir compte du constat que chaque particule massive a son propre petit rayon de Schwarzschild à

$$r_s = \frac{2GM}{c^2},$$

M étant la masse de la particule. Cela implique que chaque particule ponctuelle doit forcément avoir un horizon des événements qui est une fonction de sa masse, et quand deux particules sont comprimées l'une contre l'autre, elles se comporteront juste comme deux petits trous noirs, selon le processus de fusion décrit ci-dessus, de sorte qu'à aucun moment, il n'y aura de la masse à l'intérieur des horizons.

En outre, nous obtenons le même résultat si nous adoptons une vue plus globale de l'accumulation de la matière :

Avant la formation d'un grand trou noir, le processus de compression permanente générera une densité élevée de la masse qui se rapproche de celle d'un trou noir. En vue de cette haute densité, un genre de horizon des événements commun se formera au centre de gravité de cette agglomération de matière comprimée, et bien sûr, un horizon plus petit qu'il ne le serait si l'agglomération avait atteint la densité d'un trou noir. Au début, cet horizon sera très petit, de sorte qu'aucune matière ne puisse se trouver à son intérieur, et avec l'augmentation de la compression, le rayon de Schwarzschild correspondant atteindra la taille du rayon de Schwarzschild d'un trou noir.

Voici donc deux différentes perspectives d'un même processus, une fois par rapport aux particules élémentaires et une fois par rapport à la masse totale agrégée. Dans les deux cas, c'est l'effet de la gravitation répulsive qui empêche que de la matière puisse se trouver à l'intérieur de l'horizon des événements.

En résumé, il s'est une fois de plus confirmé que l'horizon des événements s'avère être la limite définitive de notre espace-temps, un écran cosmique, insurmontable pour tout ce qui fait partie de notre espace-temps. Tout autre résultat aurait été assez surprenant : Il aurait impliqué deux catégories de masse interne et de masse externe, éternellement séparées l'une de l'autre.

Que se passe-t-il à la "fin de l'univers" ?

Après la description des trous noirs, c'est la question de leur rôle cosmologique qui se pose, notamment la question si la métrique de Schwarzschild peut s'appliquer à des singularités cosmologiques telles que le début et la fin de l'univers.

Une propriété d'importance cosmologique a déjà été mentionnée : Toute la matière qui se rapproche - tôt ou tard - d'un horizon de n'importe quel trou noir de l'univers atteindra cet horizon simultanément, au moment de la fin de l'univers. Ainsi, les horizons confèrent au moment de la fin du temps de l'espace-temps une importance concrète d'envergure cosmologique. Ici, la question s'impose si toute la matière sera finalement happée par les trous noirs, ou s'il y aura toujours de la matière qui restera à l'extérieur de la sphère d'influence des trous noirs jusqu'à la fin de l'espace-temps.

En ce qui concerne la fin de notre univers, les théories courantes de la physique prédisent soit la continuation de l'expansion, par exemple sous forme d'un "Big Rip", soit l'effondrement de l'univers sous forme d'un "Big Crunch". A cet égard, la métrique de Schwarzschild procure à l'univers une structure qui constituerait une bonne base pour la théorie du Big Crunch, avec les trous noirs à l'origine de l'accumulation de la matière. Les objets de l'univers tombent dans les trous noirs tout en fusionnant définitivement avec eux, et les trous noirs fusionnent entre eux. Conformément à la théorie du Big Crunch, tous les trous noirs fusionneraient à un moment précis en un seul trou noir final de l'univers, et toutes les particules ainsi que tout le rayonnement de l'univers pourraient rejoindre simultanément l'horizon du trou noir, peut-être pour entrer dans un nouvel univers ultérieur.

Un tel scénario n'est que de la spéculation, même si ce serait une interprétation cohérente de la logique et de la géométrie asymptotique de la métrique de Schwarzschild. Cependant, les observations astronomiques semblent plutôt aller dans le sens d'une poursuite de l'expansion de l'univers jusqu'à sa fin, donc l'exact contraire du Big Crunch. Pour le Big Rip, le modèle de l'arrivée simultanée à l'horizon des événements avec l'application de la métrique de Schwarzschild est nettement moins explicite, mais ici aussi, il serait concevable que pendant le Big Rip, l'univers en expansion s'approche d'une sorte d'horizon des événements extérieur de l'univers, à la fin du temps de notre espace-temps.

De tels scénarios par rapport à la fin de l'univers pourraient aussi fournir des indices par rapport au déroulement du début de l'univers. Bien sûr, la métrique de Schwarzschild - y compris l'institution de l'horizon des événements - devrait aussi être examinée par rapport à la création de notre univers, le "Big Bang". En effet, un problème actuel par rapport au Big Bang est la question comment décrire la naissance de l'univers à partir d'un seul point de singularité parce que les principes de la relativité ne fonctionnent pas à cette phase initiale. L'hypothèse d'un horizon des événements d'une sorte de trou noir inversé, d'un "trou blanc", éviterait une telle géométrie dotée d'un point de singularité, car dans ce cas, l'univers aurait émergé de la membrane sphérique d'un horizon des événements au lieu d'un seul point.

Dans ce contexte, nous ne savons pas ce qui se passe avec l'observateur Alice après avoir franchi l'horizon d'un trou noir, mais il y a un candidat : L'horizon des événements pourrait être la séparation entre un trou noir à l'extérieur et un trou blanc à l'intérieur. Le trou blanc pourrait être le point de départ d'un nouveau Big Bang, donnant naissance à un nouvel univers infini après la fin de notre univers infini. A cet égard, la métrique de Schwarzschild corrobore les théories d'un univers cyclique.

Vers l'intérieur ou vers l'extérieur ?

Cependant, à ce sujet il faut éclaircir au préalable une question importante : Si le trou noir final après le Big Crunch ou après toute autre fin de l'univers crée un trou blanc, dans quelle direction ce trou blanc serait-il orienté, vers l'intérieur ou vers l'extérieur de l'horizon ?

Normalement cette question n'est pas posée parce qu'il semble clair qu'Alice accélère de plus en plus, selon la loi de gravitation de Newton, de sorte qu'elle franchit l'horizon à pleine vitesse, vers l'intérieur du trou noir et qu'elle avance continuellement vers la singularité centrale.

Cependant, dans ce scénario il y a un élément important qui n'a pas été pris en compte : l'environnement d'Alice, car elle n'est pas seule dans l'espace-temps, et elle n'est pas seule à rejoindre l'horizon du trou noir.

Bien au contraire, car si nous présumons l'existence d'un horizon final de l'univers, tout l'univers atteindrait cet horizon des événements exactement au même moment qu'Alice ! Il est clair qu'une telle "bousculade" générerait des forces de pression énormes.

Par conséquent, contrairement au scénario qui paraît tout évident, le scénario qu'Alice - de son point de vue - s'approche en direction de la singularité centrale dans un mouvement d'accélération permanente, il est certain que son trajet sera fortement perturbé à l'horizon des événements, mais pas de façon directe par la gravitation, mais simplement à cause de l'environnement d'Alice. Il semble inévitable que la pression énorme qui résulte de l'arrivée simultanée de tout l'univers bloquera la traversée de l'horizon, donnant lieu à l'hypothèse que tout l'univers comprimé sera repoussé vers l'extérieur.

Mais il y a encore un autre argument qui n'est pas moins important : Etant donné que l'univers entier s'approche simultanément de l'horizon du trou noir final, l'arrivée de toute cette matière engendre une augmentation énorme de la masse du trou noir, de sorte que l'horizon s'agrandira brusquement, repoussant avec une force énorme cette matière de tout l'univers vers l'extérieur, à cause de l'effet répulsif de la gravitation dans la zone d'un horizon croissant (voir la description détaillée au **chapitre 6**).

Il s'agit ici d'un cas tout à fait particulier parce que normalement nous essayons d'écarter autant que possible les facteurs de l'environnement pour pronostiquer l'évolution d'un objet, afin d'éviter le faussement de la mesure et du calcul de processus physiques. En revanche, selon la métrique de Schwarzschild il semble préprogrammé - comme nous l'avons vu ci-dessus - que lors d'un scénario de Big Crunch, l'univers entier converge simultanément vers l'horizon des événements. Il s'agit donc d'un scénario qui est inhérent à la métrique.

L'entropie des trous noirs.

Comment l'entropie se comporte-t-elle lors d'un scénario de Big Crunch lorsque tout l'univers s'accumule en un seul trou noir final, et quelle serait l'entropie d'un éventuel nouvel univers après le Big Crunch de notre univers ? Selon la deuxième loi de la thermodynamique, l'entropie augmente toujours. Normalement il n'y a pas d'exception à ce principe fondamental, mais la question se pose de savoir si nous devons comprendre cette deuxième loi de la thermodynamique dans le sens qu'il s'agit d'une loi interne, appartenant à notre espace-temps, limitée par l'espace-temps et donc applicable seulement à l'intérieur de l'espace-temps, ou bien dans le sans qu'il s'agit d'une loi supra-universel qui s'appliquera aussi au-delà de notre espace-temps, même dans l'univers suivant.

En effet, il ne serait pas très romantique si à la fin de notre univers l'entropie était transférée au nouvel univers, de sorte que celui-ci commence par la mort thermique, cela signifierait qu'après notre univers, plus rien ne se passera dans les éventuels univers ultérieurs.

Cependant, il y a de bonnes raisons de croire que la deuxième loi de la thermodynamique est limitée à notre espace-temps, et que le Big Crunch conduit à une sorte de "remise à zéro" de l'entropie. Selon le modèle de la métrique de Schwarzschild, lors du Big Crunch à la fin de l'univers, toute la matière de l'univers qui aura pris la forme d'une membrane à proximité de l'horizon des événements finaux atteindra l'horizon simultanément - la membrane avec sa forme approximative deviendra une sphère creuse parfaitement formée, positionnée précisément sur l'horizon. Par ce processus final - qui devrait prendre un temps infini selon l'horloge d'un observateur externe - il semblerait plausible que l'univers - par l'effet de la gravitation - adopte de lui-même une structure ordonnée et homogène d'une sphère creuse parfaite, accompagné de la disparation de toute caractéristique particulière, de sorte que les informations des particules et de toute autre forme d'énergie disparaissent, et que l'entropie se remet à zéro, comparable à la remise à zéro d'un vaste jeu, et après un nouveau Big Bang, dans un nouvel univers, l'entropie pourrait repartir à un niveau bas, analogue à la situation au début de notre univers. Bien entendu, une telle disparition d'information n'enfreindra pas le principe de l'unitarité de la mécanique quantique parce qu'elle n'a pas lieu pendant le temps de notre espace-temps, mais seulement après sa fin.

De plus, ce concept de réinitialisation de l'entropie s'accorde parfaitement avec le théorème de calvitie des trous noirs, selon lequel les trous noirs non rotatifs et sans charge électrique n'ont aucune caractéristique particulière (donc pas d'information et pas d'entropie), à la seule exception de leur masse. Comme nous l'avons vu plus haut, les trous noirs n'existent pas encore *stricto sensu*, mais ils se forment uniquement à la fin du temps de notre espace-temps lorsque leur membrane de masse atteindra l'horizon, de sorte que toute l'information de l'univers sera retenue à l'intérieur de notre espace-temps.

En résumé, nous pouvons constater que la métrique de Schwarzschild fournirait un modèle cohérent d'un univers cyclique, même par rapport à l'entropie.

Conclusion

Dans ce chapitre, il a été essayé de démontrer, au moyen des coordonnées de Kruskal-Szekeres, les conclusions possibles sur la seule base de la structure de la métrique de Schwarzschild, notamment :

> La métrique de Schwarzschild fournit une description complète et cohérente des trous noirs.

> L'espace-temps n'est pas défaillant aux trous noirs en général ni à la "singularité centrale" en particulier, parce que l'horizon des événements constitue une limitation naturelle de l'espace-temps.

> La "censure cosmique", le phénomène de l'impossibilité d'observer l'intérieur des trous noirs, est en concordance avec le fait que l'intérieur des trous noirs peut se passer seulement dans une période après la fin du temps de notre espace-temps, et qu'une telle période n'est pas définie par notre espace-temps.

> L'observatrice Alice qui s'approche de l'horizon atteint l'horizon en un temps propre fini, mais pas avant la fin du temps de notre espace-temps, donc "jamais" au sens de notre espace-temps. Avant d'atteindre l'horizon, elle est elle-même un observateur externe, et en tant que telle, elle aussi perçoit l'horizon comme la limite de notre espace-temps. De son point de vue, elle rejoint l'horizon avec une accélération continue et sans dérangement. Cependant, si nous nous référons à son diagramme d'espace-temps qui change en permanence en fonction de l'augmentation de la dilatation du temps, la fin de l'univers et l'arrivée à l'horizon se passent de façon abrupte.

> Toute la matière qui s'approchera tôt ou tard de l'horizon d'un trou noir quelconque le rejoindra

simultanément, à la fin du temps de notre univers. Même Bob qui suit Alice après avoir attendu 1000 ans rejoindra l'horizon simultanément avec elle. Par conséquent, le franchissement de l'horizon sans dérangement est un modèle erroné, en vue de la forte concentration de toute l'autre matière qui rejoint l'horizon simultanément avec Alice, et aussi en tenant compte de l'effet de la force répulsive de la gravitation.

> Le paradigme de la membrane est plus qu'un modèle de pensée. Toute la masse d'un trou noir ne se trouve jamais à l'intérieur mais toujours à l'extérieur de l'horizon.

> Les observateurs arrivés à l'horizon sont des référentiels "supra-universels", au-delà de notre espace-temps et peut-être entre deux univers consécutifs. La "complémentarité" des trous noirs qui est souvent utilisée pour tenter de résoudre le paradoxe de l'information n'est pas une propriété intrinsèque de l'espace-temps, mais il s'agit de la complémentarité entre l'espace-temps et le point de vue "supra-universel".

Tous ces résultats dérivent directement de la métrique de Schwarzschild. Basé sur ces résultats, nous pouvons exprimer des spéculations cosmologiques, par rapport à un univers cyclique et en particulier par rapport au rétrécissement de tout notre univers en un seul horizon final, avec la création d'un trou blanc en tant que point de départ du Big Bang du prochain univers.

Chapitre 6
Attraction et répulsion gravitationnelles

Dans ce chapitre, nous allons fournir une description plus détaillée de la gravitation en tant que simple force.

Au **chapitre 4**, nous avons vu - basé sur la métrique de Schwarzschild qui est une solution exacte de l'équation de champ d'Einstein - que la gravitation est complètement équivalente à la dilatation du temps gravitationnelle, et que les interactions gravitationnelles sont générées exclusivement par les effets de la dilatation du temps gravitationnelle. Nous avons vu qu'il est possible de décrire la gravitation comme une sorte de décélération du paramètre de temps (dilatation du temps) des lignes d'univers dans l'espace plane et non courbé, sans besoin de recourir aux mathématiques supérieures de l'espace-temps courbe. La description comme une force plutôt que comme une courbure d'espace-temps s'avérait avantageuse car compatible avec la mécanique quantique. En plus, la gravitation devient compréhensible, accessible à une large audience intéressée, et même pour les physiciens, la clarté de la description facilite l'obtention de nouvelles connaissances théoriques qui nécessiteraient des détours complexes avec les mathématiques de l'espace-temps courbe.

Dans le présent chapitre, nous allons dériver arithmétiquement la force gravitationnelle à partir de la dilatation du temps gravitationnelle, et nous verrons que la loi newtonienne de la gravitation joue (à nouveau) un rôle important. Car c'est évidemment un inconvénient du concept de l'espace-temps courbe que la loi claire et compréhensible de la gravitation selon Newton a été déclassée en une équation approximative, qualifiée d'imprécise parce qu'il n'était pas possible de la concilier avec le concept de l'espace-temps courbe. Dans ce qui suit, il sera démontré que la loi newtonienne de la gravitation est une équation fondamentale et précise qui s'harmonise avec la métrique de Schwarzschild, même si elle a besoin d'être complétée.

A la lecture du titre du présent chapitre, certains lecteurs sont peut-être un peu surpris : Force gravitationnelle répulsive ? Nous sommes bien familiers avec les forces répulsives entre les charges électriques égales ou entre les pôles magnétiques égaux, mais beaucoup moins par rapport à la gravitation.

Beaucoup de monde n'est pas conscient de l'existence de la répulsion gravitationnelle, et cela pour une bonne raison : La loi newtonienne de la gravitation, appelée même la "loi de l'attraction universelle", n'incluait pas de force répulsive, et après la description de la gravitation sous la forme de l'espace-temps courbe par Einstein et Grossmann, la gravitation n'était plus considérée comme une force, et le nouveau concept ne décomposait pas la gravitation en effets attractifs et répulsifs. Pour cette raison, le lecteur attentif a peut-être déjà été surpris au **chapitre 5** lorsque des forces répulsives avaient été mentionnées dans le contexte de la description d'une fusion de deux trous noirs, repoussant les membranes entre les deux horizons des événements. Bien entendu, cet effet répulsif existe aussi selon le concept de l'espace-temps courbe[20], mais il n'est mentionné que rarement parce qu'il n'est pas traité séparément.

Comme il va être montré par la suite, la répulsion gravitationnelle est un effet très simple qui - contrairement à l'attraction - n'agit pas sur la masse mais sur la vitesse, et c'est un effet direct, logique et incontestable de la dilatation du temps gravitationnelle. L'observateur s'approchant de l'horizon ne ressent pas cette force qui agit sur sa vitesse radiale, elle est perçue seulement par les observateurs externes qui observent son exposition croissante à la dilatation du temps.

Tant qu'une particule de masse en chute libre est encore loin du trou noir, son accélération correspond assez précisément à la force d'attraction newtonienne du trou noir. En revanche, du point de vue des observateurs externes, l'accélération selon la loi newtonienne ne durera pas, car proche de l'horizon, l'interaction attractive qui devrait augmenter selon Newton diminuera de plus en plus, et ce n'est que très près de l'horizon que la répulsion dépassera l'attraction, de sorte que la particule de masse décélérera du point de vue de l'observateur externe, et la force répulsive assure de manière fiable que l'horizon des événements devient une barrière infranchissable.

Dans ce contexte, la question se pose de savoir si l'horizon reste imperméable dans le cas inverse où ce n'est pas la particule qui s'approche de l'horizon, mais l'horizon qui

---

[20] Voir p.ex. la vue d'ensemble de Diogo P.L. Bragança : Gravitational repulsion in an expanding ball of dust, arxiv 2402.18022v1, sur l'état actuel par rapport à la contribution répulsive à la force gravitationnelle

s'élargit en direction de la particule. Cette constellation est d'une importance fondamentale. Nous avons vu au **chapitre 5** que la masse d'un trou noir n'est pas située à l'intérieur de l'horizon, mais qu'elle s'accumule à une distance infiniment petite autour de l'horizon, sous la forme d'une membrane sphérique. Si dans cette constellation on ajoute de la masse au trou noir, la masse et le rayon de Schwarzschild du trou noir augmentent de telle sorte que l'horizon s'élargit, et il se peut qu'un horizon s'élargisse vers la zone de la membrane de particules massives qui l'entoure.

La question est de savoir si dans ce cas la membrane de masse est repoussée ou avalée par l'horizon. On suppose en général que l'horizon en expansion n'avale pas les particules de masse qui se trouvent sur son chemin. Au lieu de cela, les particules sont repoussées par l'effet de la répulsion gravitationnelle, de sorte que l'horizon reste effectivement infranchissable. Il s'avère que dans ce deuxième cas de l'horizon qui s'élargit, la force répulsive est perceptible pour l'observateur à l'approche de l'horizon.

Dans ce qui suit, nous allons dériver la répulsion en tant que force, avec une description plus détaillée. Mais avant la force répulsive, nous dérivons d'abord arithmétiquement la force attractive de la gravitation.

L'attraction gravitationnelle

Comme démontré au **chapitre 4**, la force attractive est générée par le gradient de la dilatation du temps gravitationnelle.

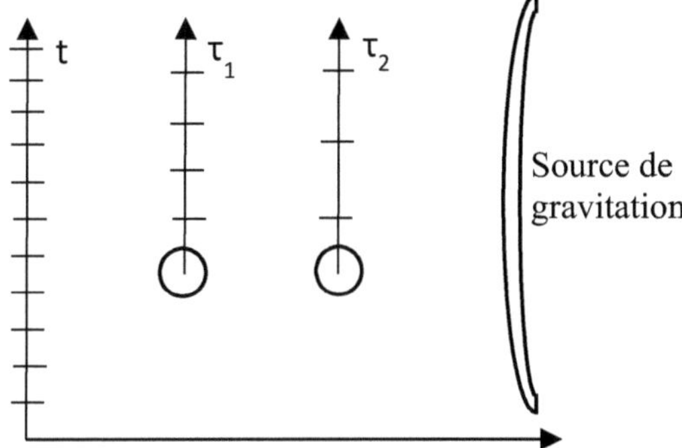

Fig. 6.1 : Deux systèmes quantiques avec masse et une source de gravitation, avec indication de la fréquence du paramètre de temps propre respectif des particules massives qui diminue dans la direction de la source de la gravitation.

Chaque particule a tendance à maximiser sa propre dilatation du temps, de sorte que son horloge avance aussi lentement que possible. En **fig. 6.1**, l'horloge τ_2 proche de la source de gravitation avance plus lentement que l'horloge τ_1, en raison du gradient de la gravitation qui augmente radialement vers le centre, les deux particules tendent en direction de la source de la gravitation où la dilatation du temps gravitationnelle est à son maximum.

Comme déjà indiqué au **chapitre 4**, la dilatation du temps dans un champ de gravitation est

$$C = \sqrt{1 - \frac{r_s}{r}},$$

du point de vue d'un observateur en dehors du potentiel gravitationnel, loin de la source de gravitation. Selon les règles générales de dérivation, le gradient spatial C (à rayon r décroissant) est donc

$$C' = \frac{dC}{-dr} = -\frac{r_s}{2r^2}\,\frac{1}{\sqrt{1-\dfrac{r_s}{r}}}\,.$$

La force attractive est une force du gradient spatial qui agit sur la masse, et par conséquent sur l'énergie de masse $E_{rest} = mc^2$ de la particule massive attirée :

$$F_{att} = -C'mc^2 = \frac{r_s}{2r^2}\,\frac{mc^2}{\sqrt{1-\dfrac{r_s}{r}}}$$

et si nous remplaçons le rayon de Schwarzschild r_s par sa formule, nous obtenons

$$F_{att} = \frac{2GM}{2\,r^2 c^2}\,\frac{mc^2}{\sqrt{1-\dfrac{r_s}{r}}} = \frac{GMm}{r^2}\,\frac{1}{\sqrt{1-\dfrac{r_s}{r}}} = \frac{F_{Newton}}{C}\,,$$

mais ceci sous la réserve que nous n'avons pas encore pris en compte l'effet direct de la dilatation du temps gravitationnelle par rapport à l'observateur lointain.

Etant donné que la force F est inversement proportionnelle au carré du temps t, la dilatation du temps gravitationnelle de la source de gravitation agit en fonction, de la même façon que la répulsion gravitationnelle (cf. la section suivante). Pour cette raison, le terme doit être multiplié par C^2 :

$$F_{att} = \frac{C^2 F_{Newton}}{C} = C \cdot F_{Newton}$$

L'équation qui en résulte ne pourrait être plus simple : On obtient le produit de la force selon la loi newtonienne et de la dilatation du temps gravitationnelle. Aussi, elle semble être en bonne concordance avec les résultats expérimentaux. Localement, du point de vue de la particule de masse à l'approche de l'horizon, le facteur de dilatation disparait (toujours avec $C_{local} = 1$), de sorte que la force attractive correspond exactement à la loi de la gravitation newtonienne. Du point de vue des autres observateurs externes, la gravitation newtonienne est multipliée par la dilatation du temps C qui converge vers zéro, de sorte que la force attractive et l'accélération convergent aussi vers zéro à l'horizon.

La répulsion gravitationnelle

La répulsion gravitationnelle est moins connue, mais il s'agit simplement d'un effet logique de la dilatation du temps gravitationnelle :

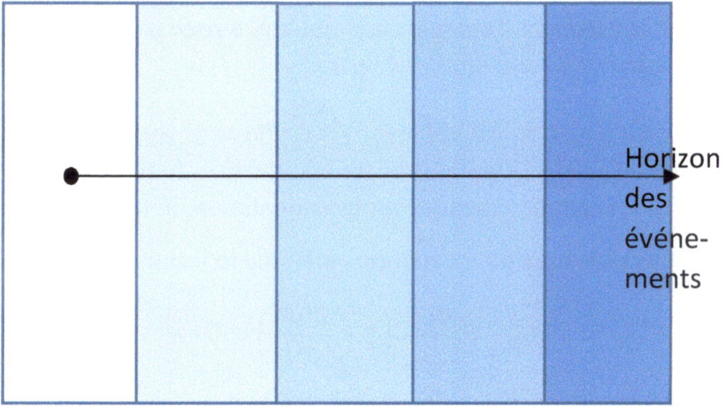

Fig. 6.2 : L'effet direct de décélération de la dilatation du temps se renforce à l'approche de l'horizon (le renforcement est représenté par l'assombrissement de la couleur)

La dilatation du temps gravitationnelle agit sur la vitesse, pour la simple raison que la vitesse est inversement proportionnelle au temps, $v = s/t$. Exemple : Si un objet à l'approche de l'horizon se trouve à une distance où $C = 1/2$, cet objet mettra - du point de vue de l'observateur lointain - deux fois plus de temps pour une distance radiale donnée que dans une zone en dehors du champ de gravitation, et pour cette raison sa vitesse est divisée par deux, ce qui correspond à une décélération. Contrairement à l'attraction de la gravitation, cet effet gravitationnel n'agit pas sur la masse des particules mais directement sur la vitesse.

$$v' = Cv$$

Parallèlement, l'énergie cinétique de la particule est impactée aussi, car elle est proportionnelle au carré de la vitesse :

$$E_{cin} = \frac{mv^2}{2}$$

Par conséquent, l'énergie cinétique est divisée par 4, ou d'une manière générale multipliée par C^2.

$$E'_{cin} = C^2 E_{cin}$$

E_{kin} = l'énergie cinétique avant la dilatation du temps
E'_{kin} = l'énergie cinétique après la dilatation du temps

Nous obtenons pour l'énergie cinétique le terme

$$E'_{cin} = C^2 E_{cin} = \frac{mv^2}{2}\left(1 - \frac{2GM}{c^2 r}\right) = \frac{mv^2}{2}\left(1 - \frac{r_s}{r}\right),$$

sachant que le rayon de Schwarzschild r_s est :

$$r_s = \frac{2GM}{c^2}$$

Cela signifie que dû à la dilatation du temps gravitationnelle, la particule perd de l'énergie - du point de vue de l'observateur externe - et la force répulsive correspond au gradient spatial de l'énergie cinétique, c'est-à-dire la perte d'énergie cinétique avec distance radiale décroissante. Selon les règles générales

162

de dérivation, nous obtenons :

$$F_{rép} = \frac{dE'_{cin}}{-dr} = -\frac{mv^2}{2}\left(\frac{r_s}{r^2}\right)$$

Maintenant, nous insérons - de manière similaire à ce qui a été fait pour dériver la force attractive - l'équation du rayon de Schwarzschild r_s, et nous obtenons :

$$F_{rép} = -\frac{mv^2}{2}\frac{2GM}{c^2r^2} = -\frac{GMm}{r^2}\frac{v^2}{c^2} = -F_{Newton}\frac{v^2}{c^2}$$

Par conséquent, la force répulsive est égale à la gravitation newtonienne multipliée par le carré de la vitesse de la particule.

$$F_{rép} = -F_{Newton}\frac{v^2}{c^2}$$

De la même manière que pour l'attraction gravitationnelle, l'observateur à l'approche de l'horizon ne ressent pas la répulsion parce qu'il s'agit d'un effet de la dilatation du temps.

Bien sûr, cette répulsion agit aussi sur la vitesse des particules genre lumière qui se propagent à la vitesse c, car la dilatation du temps gravitationnelle agit sur la vitesse radiale de tout genre. Localement (dans le référentiel de l'observateur local), la vitesse de la lumière reste constante à c. En revanche, du point de vue des observateurs lointains, la vitesse de la lumière ralentit. Un rayon de lumière qui met une seconde pour 300.000 km mettra une seconde pour seulement 150.000 km dans une zone avec la dilatation du temps C = 1/2, du point de vue de l'observateur lointain, et il s'arrêtera complètement à l'horizon des événements (simultanément avec la fin du temps de l'espace-temps).

La force gravitationnelle totale

En additionnant les forces radiales d'attraction et de répulsion agissant sur une particule massive qui s'approche du trou noir à la vitesse v, nous obtenons à une distance radiale r la force totale suivante qui correspond à la gravitation :

$$F_{att} + F_{rép} = C \cdot F_{Newton} - \frac{v^2}{c^2} F_{Newton}$$
$$= \left(\sqrt{1 - \frac{r_s}{r}} - \frac{v^2}{c^2} \right) F_{Newton}$$

Il est donc possible de décrire l'effet radial total de la gravitation par ce terme simple qui dépend seulement de la masse de la particule massive et de la source de gravitation, de leur distance entre elles et de la vitesse radiale de la particule.

En ce qui concerne l'observateur local, nous constatons encore une fois que tout ce qu'il perçoit, c'est la "bonne vieille" force d'attraction newtonienne F_{Newton} car, de son point de vue, la dilatation du temps est 1 et sa vitesse est 0.

La situation dans le cas d'un horizon des événements en expansion

Qu'est-ce qui se passe avec la membrane de matière autour de l'horizon lorsque le rayon de Schwarzschild d'un trou noir s'élargit (à cause de l'augmentation de la masse du trou noir) ?

Tout d'abord, nous devons nous rendre compte du fait qu'il n'y a pas de différence de principe entre une particule qui s'approche de l'horizon et un horizon qui s'élargit en direction de la particule. Les deux mouvements ont le même effet sur la proportion r_s/r, car dans le premier cas, c'est le dénominateur r qui diminue, et dans le second cas, c'est le numérateur r_s qui augmente. Par conséquent, dans les deux cas la différence $r - r_s$ rétrécit, et le ratio r_s/r augmente.

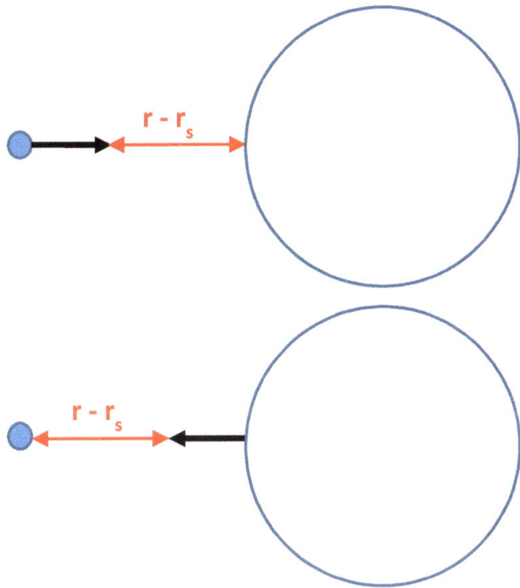

Fig. 6.3 : L'équivalence entre l'approche d'une particule et l'élargissement de l'horizon

L'ajout d'une petite masse à la masse du trou noir suffit pour que l'horizon s'élargisse vers des zones avoisinantes dans lesquelles des particules peuvent être localisées, étant donné que les particules de la membrane passent leur période de temps la plus longue à une distance infinitésimale de l'horizon. A proximité de l'horizon, la vitesse des particules se ralentit, et plus une distance est petite, plus la période de temps pendant laquelle la particule restera dans cette zone sera longue.

Dans l'équation

$$F_{att} + F_{rép} = C \cdot F_{Newton} - \frac{v^2}{c^2} F_{Newton}$$
$$= \left(\sqrt{1 - \frac{r_s}{r}} - \frac{v^2}{c^2} \right) F_{Newton}$$

qui avait été dérivée dans la dernière section, la racine converge vers zéro lorsque la particule s'approche du rayon de Schwarzschild, et à partir d'une certaine distance, la racine est suffisamment petite pour que la vitesse relative v entre la particule et l'horizon prédomine sur la force attractive, de sorte qu'il y a un effet répulsif : L'horizon repousse les particules environnantes.

Il est important de noter que l'effet de gravitation répulsive et la vitesse radiale de l'horizon qui s'élargit suite à l'augmentation de la masse sont indépendants de l'observateur, de sorte qu'ils sont même perçus par l'observateur à l'approche de l'horizon.

Par conséquent, l'horizon des événements s'avère être un bouclier impénétrable, même dans cette constellation d'un horizon en expansion.

Conclusions

D'abord voici un résumé des deux phénomènes de gravitation :

Nous avons vu que la force répulsive est générée directement par la dilatation du temps gravitationnelle, et qu'elle agit directement sur la vitesse et l'énergie cinétique des particules massives.

En revanche, la force attractive est générée par le gradient de la dilatation du temps gravitationnelle, et elle agit sur l'énergie de masse des particules massives.

	générée par :	agissant sur :
répulsion	dilatation du temps gravitationnelle	Énergie cinétique
attraction	gradient de dilatation du temps gravitationnelle	Énergie de masse

Fig. 6.4 : Comparaison des forces attractives et répulsives de la gravitation.

Basées sur ces résultats, deux conclusions sont possibles :

1. Nous voyons comment la gravitation agit sur l'énergie de masse et l'énergie cinétique : effet répulsif sur l'énergie cinétique des particules massives et effet attractif sur l'énergie de masse des particules massives, toujours du point de vue d'un observateur externe.

2. Mais il est aussi intéressant de constater qu'une telle constellation présente beaucoup de similitude avec les interactions du gravitoélectromagnétisme (GEM) :

    a. La force répulsive, dans le rôle de la "force magnétique", agit sur le gradient spatial de l'énergie cinétique, proportionnelle au carré de la vitesse de la particule, et la force attractive agit sur l'énergie de masse.

    b. Une force est basée sur le gradient spatial de l'autre puisqu'elles sont basées sur la dilatation du temps gravitationnelle et son gradient spatial.

   c.   La force répulsive n'est pas observée du point de vue du référentiel de la particule à l'approche de l'horizon.

Cependant, il n'est pas moins intéressant de noter les différences par rapport aux effets GEM qui se trouvent actuellement au centre de l'intérêt :

   a.   Il semble que la répulsion gravitationnelle ne nécessite aucun mouvement de rotation. Ici on pourrait se poser la question si peut-être la rotation de la particule (le spin ?) joue ce rôle.

   b.   Contrairement aux effets GEM décrits dans la littérature, la répulsion gravitationnelle peut être décrite avec précision, c'est-à-dire avec la précision de la métrique de Schwarzschild, même pour les particules relativistes.

La lumière dans un champ gravitationnel

Ces résultats permettent également des conclusions par rapport au comportement de la lumière dans un champ gravitationnel. La particularité de la lumière se base sur le principe de la constance de la valeur absolue de la vitesse de la lumière c, de sorte que la force d'attraction de la gravitation ne génère aucune vitesse au-delà de la limite c. De la même façon, la vitesse des rayons de lumière qui s'éloignent d'une source de gravitation n'est pas ralentie par l'attraction de la gravitation. Cependant, la direction spatiale des rayons de lumière est déviée dans la zone d'une source de gravitation. Cela implique qu'une modification de la vitesse de la lumière est possible, non pas par rapport à sa valeur absolue mais par rapport à sa direction. Etant donné que la valeur absolue de la vitesse de la lumière reste constante, l'effet de la force radiale d'attraction se limite à la fréquence du rayon. Les mouvements radiaux de la lumière entraînent un décalage vers le rouge si le rayon s'éloigne de la source de gravitation, et un décalage vers le bleu dans le cas contraire de l'approche.

Ces résultats bien connus peuvent être complétés et corrigés en vue de l'effet de la gravitation répulsive. La vitesse de la lumière est forcément soumise à l'effet ralentissant de la répulsion par la dilatation du temps, puisque la dilatation du temps modifie la vitesse d'une manière triviale et générale, sans aucune possibilité d'exception. Une telle modification de la vitesse de la lumière est admissible parce que le principe de la constance de la valeur absolue de la vitesse de la lumière se réfère à un observateur local. Cela nécessite que l'intervalle d'espace-temps infinitésimal ds d'un rayon de lumière doit être zéro (genre lumière) à n'importe quel endroit, de sorte que la vitesse égale toujours c dans le référentiel local dont l'horloge est soumise à la dilatation du temps gravitationnelle. En revanche, pour un observateur externe, la force répulsive a l'effet que le rayon de lumière ralentit à l'approche de l'horizon, et qu'il s'arrête à l'horizon, à la fin du temps de notre espace-temps. Ici aussi, l'effet répulsif de la gravitation prédomine seulement à proximité de l'horizon, par rapport à la force attractive. A cause de cet effet, un décalage rouge se produit dans cette zone très proche de l'horizon, et la fréquence de la lumière qui avait augmenté de plus en plus à cause de la force attractive se réduit complètement jusqu'à zéro à l'arrivée de l'horizon. Du point de vue de l'observateur externe, l'énergie de rayonnement de la lumière converge aussi vers zéro.

Les observateurs locaux ne perçoivent pas cette décélération de la vitesse de la lumière, car localement la vitesse de la lumière reste constante. De leur point de vue, il semble que la lumière s'approche librement de la singularité centrale, à la vitesse de lumière c et à une fréquence croissante. En résumé, la gravitation répulsive agit sur la lumière d'une manière très similaire à la manière dont elle agit sur les particules massives, pour la simple raison qu'elle n'agit pas sur la masse mais sur la vitesse.

Chapitre 7
Comprendre la dualité onde-particule de la lumière

Comment est-il possible que les ondes de lumière - tout en interférant entre elles - puissent transporter des propriétés de particules ? Jusqu'à présent, on a supposé que la dualité onde-particule était un phénomène relevant de la mécanique quantique qui ne peut pas être expliqué avec les outils classiques de la relativité générale. Dans ce chapitre, nous allons réfuter cette hypothèse, et nous allons démontrer la nature classique de la dualité onde-particule, en indiquant <u>un seul</u> cas qui s'explique entièrement de façon classique : les photons dans le vide.

L'explication suivante de la dualité onde-particule est si

---

[21] Cité d'après : Prof. Dr. Jürgen Jahns : Photonik

simple qu'elle peut être directement dérivée de la relativité restreinte : Les caractéristiques de particule sont transportées directement de A à B sans espace-temps intermédiaire, car l'intervalle d'espace-temps des mouvements genre lumière est zéro. L'onde observée est un genre de "garde-place" dans la métrique euclidienne de notre espace-temps d'observation.

Cette description classique n'a pas seulement l'avantage de rendre la dualité onde-particule compréhensible pour un public plus large. En outre, les photons dépourvus de masse sont un cas limite qui devrait également permettre de tirer certaines conclusions par rapport au concept général analogue pour toutes les particules, y compris les particules massives, étant donné qu'il est beaucoup plus difficile d'obtenir des connaissances relevant du domaine de la mécanique quantique qu'au moyen d'une description classique.

Deux expériences de la physique quantique et leur explication

Le point de départ sont deux expériences clé de la mécanique quantique avec des photons qui semblent démontrer que la dualité onde-particule n'est pas accessible à une explication classique.

a. L'expérience des fentes de Young : Une source de lumière envoie des photons sur une plaque dotée de deux fentes étroites. Les photons sont émis un par un depuis le point A et projetés sur la plaque, et ceux qui passent par les fentes arrivent derrière la plaque sur une bande d'écran d'absorption B. Avec le nombre croissant des photons absorbés, un motif d'interférence apparait. Puisque les photons avaient été émis un à un, nous pouvons supposer qu'un photon interfère avec lui-même.

Dû à l'interférence, il y a des zones à distances régulières sur l'écran qui restent complètement vides, tandis qu'au milieu entre les zones vides la probabilité d'absorption est la plus élevée. Le motif d'interférence sur la bande d'absorption prouve la caractéristique d'onde des photons. Or, nous savons que les photons se comportent en partie comme des ondes et en partie comme des particules, et la question se pose comment ces caractéristiques de particule du photon peuvent être transmises de A à B, malgré l'interférence, et en particulier comment elles peuvent passer la zone d'interférence.

b. L'expérience de pensée d'Einstein-Podolsky-Rosen (l' "action fantôme à distance" (spooky action at a distance)) : Deux photons intriqués sont émis au point A dans deux directions différentes, et aux points B et C, une propriété des deux photons est mesurée (en particulier la direction de leur spin respectif qui peut être +1 ou -1), avec le constat d'une corrélation entre les deux résultats de mesure pour les deux photons qui semble "mystérieuse". En plus, après la mesure de la particule au point B, il est possible d'en déduire l'état de l'autre particule au point C, même si les deux sont séparées par une vaste distance.

Au lieu d'utiliser des photons, ces deux expériences ci-dessus peuvent aussi être réalisées avec des électrons pour lesquels les explications suivantes ne marchent pas. En revanche, pour le cas limite des photons dans le vide, il y a une simple explication pour les deux expériences : Les photons sont observés comme se propageant à la vitesse de la lumière, leur intervalle d'espace-temps est donc égal à zéro, comme c'est le cas pour tous les mouvements genre lumière :

$$ds^2 = dt^2 - \frac{dx^2 + dy^2 + dz^2}{c^2} = 0$$

Cela n'est pas une simple hypothèse quelconque ni une interprétation arbitraire, mais un principe géométrique fondamental de l'espace-temps, avec pour conséquence que dans l'espace-temps, les deux événements "émission" et "absorption" sont directement adjacents.

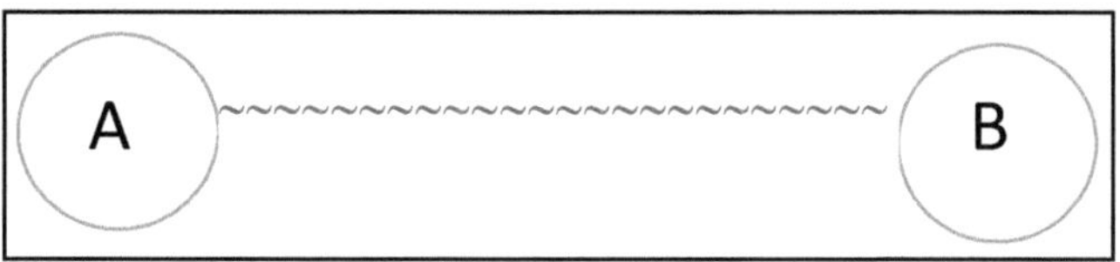

*Fig. 7.1 : **L'intervalle d'espace** entre A et B*

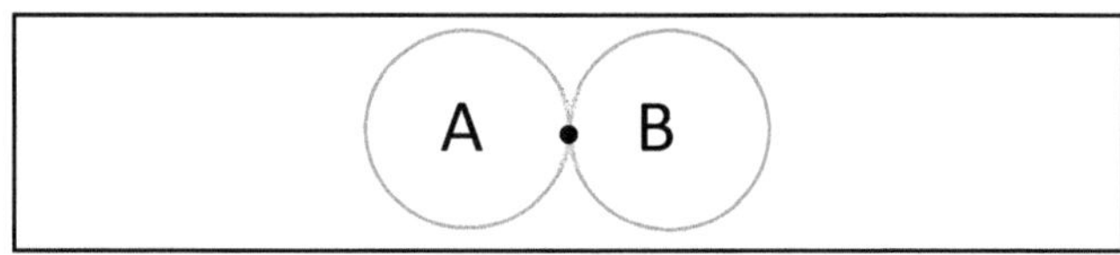

*Fig. 7.2 : **L'intervalle d'espace-temps** d'une ligne d'univers genre lumière entre A et B est zéro*

a. Dans **l'expérience des fentes de Young**, l'intervalle lorentzien de l'espace-temps entre la source de lumière A et l'écran d'absorption B est un intervalle vide, de sorte que A et B sont directement adjacents dans l'espace-temps (nous ne devons pas oublier que nous ne parlons pas de points dans l'espace, mais de points dans l'espace-temps : A est donc l'endroit de l'émission au moment de l'émission du photon, et

B est l'endroit de l'absorption au moment de l'absorption). Par conséquent, aucun photon en mouvement n'est requis puisque les particules A et B (par exemple les deux électrons qui émettent/ absorbent le photon) transmettent l'impulsion directement sans espace-temps intermédiaire et sans photon intermédiaire.

b. De la même façon, les deux intervalles d'espace-temps entre A et B/ entre A et C dans **l'expérience de pensée d'Einstein-Podolsky-Rosen** sont égaux à zéro :

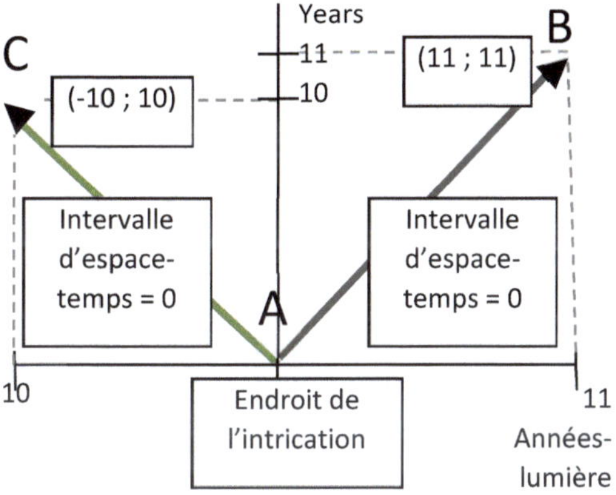

Fig. 7.3 : Diagramme de Minkowski de photons intriqués, avec la mesure respectivement après 10 ans et après 11 ans : Les deux intervalles d'espace-temps égalent zéro.

Cela veut dire que les deux photons n'ont même pas quitté le point de l'espace-temps où l'intrication a eu lieu. Dans ce cas aussi, il n'y a pas de photon au sens d'une particule. Par conséquent, la corrélation "fantôme" a eu lieu localement au point de l'espace-temps de l'intrication initiale, au point A, si nous nous référons à l'intervalle lorentzien d'espace-temps, et le résultat n'est donc pas surprenant.

L'intervalle vide d'espace-temps est-il un véritable intervalle vide ?

La question peut sembler superflue, mais à ce point, on pourrait être tenté de douter du fait qu'un intervalle vide d'espace-temps soit un véritable intervalle, comparable à un intervalle spatial vide. Cela devrait aller de soi, mais l'intervalle d'espace-temps est actuellement compris comme une notion abstraite, et il n'est pas décrit de manière uniforme. En particulier, beaucoup d'auteurs n'interprètent pas l'intervalle d'espace-temps comme une distance spatiale ou une période de temps mais comme un carré d'une telle distance/ période. Les raisons ont été évoquées au **chapitre 3** : Il est essayé d'éviter les intervalles imaginaires pour les intervalles d'espace-temps genre espace.

En vue de ces ambiguïtés, nous allons donc essayer ici de savoir quelle est la signification physique exacte et l'effet d'un intervalle <u>vide</u> d'espace-temps. Pour étudier cette question, nous commencerons avec un exemple d'un intervalle d'espace-temps qui a été <u>contracté</u> par la contraction de Lorentz de la relativité restreinte :

> Dans une expérience de pensée, un vaisseau spatial a été développé qui permet le voyage vers une exoplanète à une vitesse moyenne de 4/5 de la vitesse de la lumière, $v = 0{,}8$ c. Question : Est-il possible d'envoyer un astronaute humain vers notre exoplanète si celle-ci est située à une distance de 100 années-lumière de la Terre ?

A première vue, cela ne semble pas possible : Même en supposant que quelqu'un parcourt les 100 années-lumière à la vitesse la plus élevée possible, la vitesse de la lumière c, cela demanderait au moins 100 ans de service pour l'astronaute.

Par conséquent, l'exoplanète semble définitivement hors de portée d'un seul astronaute.

Or, contre toute attente, cette mission s'avère possible, grâce aux effets de la dilatation du temps et de la contraction de Lorentz.

La dilatation du temps de la relativité restreinte est régie par le facteur de Lorentz, selon l'équation de dilatation du temps

$$t = \gamma(v)\,\tau\,,$$

ce qui signifie que le temps mesuré par un observateur est le temps propre de l'objet observé multiplié par le facteur de Lorentz gamma qui est une fonction de la vitesse relative entre l'observateur et l'objet observé. Le facteur de Lorentz est calculé selon l'équation

$$\gamma = \frac{1}{\sqrt{1 - \dfrac{v^2}{c^2}}},$$

et le facteur de Lorentz réciproque

$$\frac{1}{\gamma} = \sqrt{1 - \frac{v^2}{c^2}}$$

est de 0,6, à une vitesse de 0,8 c, cela veut dire que le temps propre et la distance contractée selon le référentiel du vaisseau sont réduits à seulement 60 % de la distance coordonnée et du temps-coordonnée mesurés dans le référentiel de la Terre.

Pour une meilleure visualisation, voici un tableau qui reprend toutes les données de l'exemple :

		Formules générales	Données pour v = 0,8c
Réfé-rentiel Terre	Facteur de Lorentz γ	$\gamma = \dfrac{1}{\sqrt{1 - \dfrac{v^2}{c^2}}}$	$\gamma = \dfrac{1}{0,6} = 1,667$
	Facteur de Lorentz réciproque $1/\gamma$	$\dfrac{1}{\gamma} = \sqrt{1 - \dfrac{v^2}{c^2}}$	$\dfrac{1}{\gamma} = 0,6$
	Distance Terre - exoplanète	s	s = **100 années-lumière**
	Temps de voyage	$v = \dfrac{s}{t} \Leftrightarrow$ $t = \dfrac{s}{v}$	$t = \dfrac{100\,LY}{0,8\,c} = \mathbf{125\ years}$
	Vitesse	v	v = 0,8 c
Réfé-rentiel vais-seau	Distance Terre - exoplanète, équation de la contraction de Lorentz	$s' = s\,\dfrac{1}{\gamma}$	$s' = 100\,LY \times 0,6 =$ **60 années-lumière**
	Temps de voyage, équation du temps propre	$t' = t\,\dfrac{1}{\gamma}$	$t' = 125\,years \times 0,6 =$ **75 années-lumière**
	Vitesse	$v = \dfrac{s}{t} = \dfrac{s\prime}{t\prime}$	$v = \dfrac{100\,LY}{125\,years} = \dfrac{60\,LY}{75\,years} = 0,8\,c$

Fig. 7.4 : Mouvement d'un vaisseau spatial proche de la vitesse de la lumière - l'astronaute vieillit de 75 ans (selon le référentiel du vaisseau) pendant qu'il traverse une distance de 100 années-lumière (selon le référentiel de la Terre).

En conclusion, l'exoplanète peut être atteinte en 75 ans, donc un temps de service théoriquement possible pour un astronaute humain, même si elle est située à une distance de 100 années-lumière ! Bien sûr, tout cela n'est qu'une expérience de pensée, juste pour nous permettre de nous faire une idée du "rayon d'action" en tant que fonction de la vitesse. Aussi, bien sûr, 75 ans est une longue période de service, mais cette période pourrait être réduite à souhait, en augmentant la vitesse du déplacement.

La durée du trajet est diminuée par la dilatation du temps parce que le temps propre du vaisseau est plus court que le temps-coordonnée mesuré sur Terre. Parallèlement à la dilatation du temps, il y a l'effet de la contraction de Lorentz qui décrit exactement le même principe et le même effet : Le mouvement relatif du vaisseau entraine aussi la réduction de la distance à parcourir de la Terre vers l'exoplanète, du point de vue du référentiel du vaisseau, comparée avec la distance mesurée sur Terre. Aucune violation de la limitation de vitesse c de la relativité restreinte n'a lieu, ni dans le référentiel du vaisseau ni dans celui de la Terre, et ce qui semblait impossible devient possible parce que la distance (100 années-lumière) et le temps requis (75 ans) appartiennent à deux référentiels différents. Cela implique donc qu'aucun observateur ne pourra observer ce rayon d'action augmenté de l'astronaute - le rayon d'action s'avère être une quantité non observable. Le rayon d'action est basé sur la "vitesse propre", présentée déjà au **chapitre 4**, et l'exemple ci-dessus confirme la signification fondamentale de cette vitesse propre parce que c'est elle qui détermine ce "rayon d'action". Si nous souhaitons évaluer - basé sur une vitesse maximale possible v - quelles exoplanètes nous pouvons atteindre et quelles exoplanètes sont hors de portée, cette vitesse propre est un paramètre indispensable.

A cette occasion, nous pouvons aussi constater le caractère parallèle et concordant des deux effets de la dilatation du temps et de la contraction de Lorentz, en regardant les valeurs en gras de **fig. 7.4** : Dans le référentiel de la Terre, c'est le temps qui fait l'objet de la dilatation du temps, et dans le référentiel du vaisseau, c'est la distance qui fait l'objet de la contraction de Lorentz, et chacun des deux effets entraine la même augmentation du rayon d'action - cette corrélation n'est pas surprenante parce que la contraction de Lorentz peut être dérivée de la dilatation du temps.

En ce qui concerne la dualité onde-particule, cet exemple confirme que la dilatation du temps et la contraction de Lorentz ont des effets réels sur les processus physiques et les observations : Le rayon d'action augmenté d'un astronaute en fonction de la vitesse est une grandeur effective sur laquelle tous les référentiels sont d'accord, il est invariant de Lorentz.

Dans l'exemple, la valeur de l'intervalle d'espace-temps entre point A "la Terre aujourd'hui" et point B "l'exoplanète à une distance de 100 années-lumière dans 125 ans" est seulement de 75 ans. Cela veut dire que notre rayon d'action est limité à 100 années-lumière, si nous présumons

- qu'un voyage spatial est limité au temps de service d'un même astronaute,
- que la durée maximale du service d'un astronaute est limitée à 75 ans, et
- que la vitesse moyenne maximale est limitée à 0,8 c.

A ce point, une autre question pourrait se poser : Les années de la vie de l'astronaute sont-elles vraiment équivalentes aux années de vie des gens sur Terre ? Dans l'exemple, 125 années s'écoulent pour les personnes sur Terre, tandis que seulement 75 années passent pour l'astronaute. Est-ce que cela signifie vraiment que l'astronaute est resté plus jeune ?

La réponse à cette question doit être clairement oui, pour deux raisons : Premièrement, la dilatation du temps concerne tous les processus qui dépendent du temps, et donc toutes les vitesses de tous les processus physiques. Les processus de prise d'âge, de vieillissement, sont constitués d'un ou de plusieurs processus physiques combinés et, par conséquent, ils sont retardés par tout type de mouvement (proche de la vitesse de la lumière).

La deuxième raison découle de la relativité restreinte selon laquelle chaque objet a son propre axe de temps. La période de 75 années correspond à l'axe de temps de l'astronaute. Si ces 75 années n'étaient pas "réelles", et si par exemple le temps mesuré sur Terre de 125 années avait un impact quelconque sur l'âge de l'astronaute, cela voudrait dire que le référentiel sur Terre est un référentiel préféré, et que les personnes sur Terre sont des observateurs préférés. Il convient ici de rappeler que les 75 années correspondent au temps propre de la ligne d'univers du vaisseau, et les 125 années au temps propre de la ligne d'univers de la Terre. Pour différents observateurs, ces valeurs de temps propre font l'objet de taux de dilatation du temps différents, mais chaque objet vieillit selon sa propre ligne d'univers, conformément au principe de la relativité, et une personne sur Terre ne fait qu'observer le vaisseau, et en tant que simple observateur, il n'est pas une référence par rapport au processus physique du vieillissement dans d'autres référentiels tels que le vaisseau.

Aussi, le fait d'un voyage dans le vide de l'espace proche de la vitesse de la lumière n'affecte pratiquement pas le vaisseau spatial si nous présumons un voyage sans accélération (sauf l'accélération pendant la phase initiale), et selon le référentiel des astronautes, le vaisseau est à l'arrêt. Il peut y avoir des collisions avec des objets qui se déplacent à une certaine vitesse relative par rapport au vaisseau, mais exactement la même chose peut se passer aussi quand on est situé dans le référentiel de la Terre. Chaque référentiel est indépendant des autres.

D'après ces considérations, l'intervalle d'espace-temps semble être un intervalle assez concret et réel, et la pratique courante de traiter l'intervalle d'espace-temps comme une valeur abstraite et non comme un intervalle normal comme les autres semble fortement discutable, en particulier la définition comme un carré ds^2 au lieu de ds : Les intervalles d'espace-temps ne sont rien d'autre que du temps propre, ils spécifient le temps propre requis pour le déplacement du point d'espace-temps A vers le point B, et chaque intervalle d'espace-temps est une longueur concrète, il n'est pas le carré de la longueur. Pour cette raison, il est difficile de comprendre - même à des fins qui ne concernent pas le temps propre - pourquoi une deuxième valeur est introduite à côté du temps propre qui représente le carré ou le carré négatif du temps propre.

Après avoir confirmé l'effet réel de la vitesse des particules massives sur leur temps propre et leur âge, nous pouvons essayer maintenant d'étendre ce résultat par analogie au cas limite de la vitesse de lumière des photons.

Pour la vitesse $v = c$, aucun facteur de Lorentz n'est défini, en raison de la division par zéro qui en résulte. Or, ce fait n'empêche pas de recourir au facteur de Lorentz réciproque $1/\gamma$ (cf. le tableau concernant les particules massives en **fig. 7.4**). Pour les mouvements genre lumière, le facteur de

Lorentz réciproque est réduit à zéro, de sorte que le temps propre calculé pour un photon est toujours zéro, quelle que soit la distance. Le temps-coordonnée d'un observateur est donc réduit de 100 %. Par conséquent, l'intervalle d'espace-temps aussi est zéro, confirmant l'hypothèse que dans l'espace-temps, le point de l'émission et le point de l'absorption sont adjacents.

La position adjacente des deux points est réelle, elle est aussi réelle que le rayon d'action augmenté pour les objets massifs, comme l'augmentation du rayon d'action du vaisseau dans l'exemple ci-dessus.

Pour être complet, il convient de mentionner que, bien sûr, aucun observateur n'est en mesure de voyager à la vitesse de la lumière, mais nous pouvons contourner ce fait par l'approximation infinitésimale. Nous pouvons présumer un mouvement très proche de la vitesse de la lumière et faire converger cette vitesse vers c, alors que le temps propre converge vers zéro.

<u>De la même manière que l'intervalle d'espace-temps contracté permet à l'astronaute d'atteindre des exoplanètes qui semblent être situées à l'extérieur du rayon d'action, en vue de leur distance spatiale, l'intervalle vide d'espace-temps des phénomènes genre lumière permet le transfert de caractéristiques de particules directement de A à B.</u>

L'interprétation de l'expérience de pensée

Concernant la dualité onde-particule de la lumière, il y a deux notions concurrentes de distance (deux métriques) qui avaient déjà été discutées aux **chapitres 2 et 4** :

-   D'une part, la distance spatiale observée et le temps

écoulé selon l'horloge de l'observateur - le photon nécessite 100 ans pour parcourir une distance spatiale de 100 années-lumière.

- D'autre part, l'intervalle d'espace-temps sous-jacent, indépendant de l'observateur, qui correspond au temps propre, et qui est toujours zéro pour les photons dans le vide.

L'intervalle vide de l'espace-temps indique que la Terre aujourd'hui et l'exoplanète (située à une distance de 100 années-lumière) dans 100 ans (selon l'horloge de la Terre) sont directement adjacentes dans l'espace-temps. Cela veut dire par rapport aux intervalles genre lumière que dans l'espace-temps il n'existe même pas de trajectoire entre les deux planètes qui pourrait être parcourue par un photon, il n'y a tout simplement pas de place pour cela, et en réalité (c'est-à-dire selon un point de vue qui ne correspond à aucun observateur, mais sur lequel tous les observateurs sont d'accord), la quantité de mouvement du photon est transmise directement de la Terre à l'exoplanète.

C'est le point de vue que nous pouvons attribuer à l'univers fondamental comme il avait été décrit au **chapitre 4** et qui est aussi compatible avec la mécanique quantique - contrairement au concept d'une variété d'espace-temps. Cependant, ce "point de vue" n'est pas observable, l'intervalle zéro des mouvements genre lumière n'est pas accessible à l'observation et peut uniquement être déterminé par calcul.

A un niveau fondamental (indépendant de l'observateur), la quantité de mouvement correspondant au photon est transmise directement de la première planète à la deuxième planète adjacente (zéro intervalle d'espace-temps). En revanche, au niveau de l'observateur, il existe une distance de

100 années-lumière qui peut être parcourue par le rayon de lumière en 100 ans, et la transmission directe d'une planète à une autre planète directement adjacente dans l'espace-temps ne peut pas être représentée en tant qu'observation, car l'autre planète n'est pas adjacente dans la variété euclidienne d'espace-temps observée, elle n'est notamment pas adjacente dans l'espace. Entre les deux points A et B, il y a un écart spatial et temporel, et cet écart empêche la transmission directe de la quantité de mouvement. Pour remplir cet écart, un phénomène électromagnétique est observé entre la Terre et l'exoplanète, un genre de "garde-place" qui remplit cet écart qui n'existe pas au niveau fondamental (sous forme d'intervalle d'espace-temps). Ce phénomène électromagnétique n'est rien d'autre qu'une onde de lumière, un photon, qui doit donc être attribué exclusivement au niveau d'observation, il ne fait pas partie de la réalité sous-jacente qui est indépendante de l'observateur.

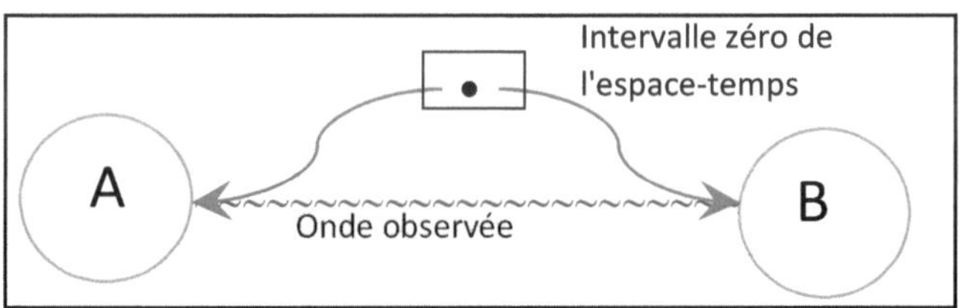

Fig. 7.5 : Les ondes électromagnétiques sont seulement un produit de l'espace-temps. Du point de vue d'un observateur, l'intervalle zéro (représenté par un point) est soi-disant "étiré" pour obtenir la forme observée d'un intervalle d'espace et de temps d'une onde électromagnétique.

La transmission de la quantité de mouvement représentée par

le photon se fait simultanément (parallèlement sur deux voies) à deux niveaux, en tant que transmission directe de la quantité de mouvement sans aucune distance, et aussi en tant que transmission indirecte moyennant une onde. Il s'agit de deux aspects différents d'un même processus dynamique, et au total, la quantité de mouvement n'est transmise qu'une seule fois. Cela veut dire pour l'expérience des fentes de Young que la quantité de mouvement est transmise dans l'espace à travers les deux fentes via l'onde qui interfère, et simultanément, elle est transmise directement via un intervalle zéro d'espace-temps de l'électron émetteur A à l'électron absorbant B. Encore une fois, dans cette description, il n'y a pas de particule en mouvement "photon", car A et B sont adjacents dans l'espace-temps, et la transmission des caractéristiques de particule se fait directement de l'électron A à l'électron B.

Conclusion :

Il a été démontré par rapport à la dualité onde-particule que le cas limite des photons dans le vide peut être expliqué de manière classique, basé sur les principes de la relativité restreinte, et cela implique que, d'une manière générale, la dualité onde-particule ne peut pas être qualifiée de phénomène relevant de la physique quantique. Dans les cas de figure avec des particules massives au lieu de photons (p. ex. avec des électrons), l'application de la mécanique quantique devient nécessaire, mais cela n'est pas en contradiction avec le fait que la dualité onde-particule en soi est un phénomène classique.

Résumé et perspectives

Les résultats

Voici un résumé des conclusions les plus importantes des différents chapitres :

Chapitre 2 : Pour la question de la nature du temps et pour toute autre question fondamentale par rapport au temps il ne faut pas se référer au temps-coordonnée qui dépend de l'observateur, mais au temps propre, invariant de Lorentz. Le résultat : Le temps n'a rien d'universel, il décrit le processus local du vieillissement des particules.

Chapitre 3 : L'espace-temps de Minkowski est un "patchwork" artificiel de deux métriques opposées, assemblées par erreur, tout en négligeant le fait que les intervalles genre espace de l'espace-temps sont imaginaires et donc non définis.

Chapitre 4 : L'espace-temps n'est que de la simple observation. Pour la gravité quantique, les lignes d'univers doivent être reparamétrées par leur temps propre respectif, et la gravitation peut être représentée - de façon équivalente à la courbure de l'espace-temps - comme la dilatation du temps gravitationnelle dans l'espace plane, non courbé. La gravité quantique en une seule phrase : La gravitation sous forme de dilatation du temps gravitationnelle ralentit les horloges des lignes d'univers des systèmes quantiques dotés de masse.

Chapitre 5 : Pour la solution des différents problèmes des trous noirs, il est utile de se référer aux lignes de simultanéité des coordonnées Kruskal-Szekeres qui corroborent clairement le concept du paradigme de la membrane.

Chapitre 6 : La loi newtonienne de la gravitation reste une loi précise et fondamentale de la physique, même si elle doit être complétée par les effets de la dilatation du temps gravitationnelle.

Chapitre 7 : La dualité onde-particule est un phénomène classique parce qu'elle peut être décrite sans recours à la physique quantique pour le cas limite des photons dans le vide.

La quintessence : la bonne réponse à la question de la racine carrée des nombres négatifs

Il y a un fil conducteur en arrière-plan de plusieurs chapitres de ce livre, concernant la relation entre les maths et la physique : Pouvons-nous extraire la racine carrée d'un nombre négatif ?

La réponse semble pourtant bien claire : Si nous nous basons sur les nombres réels comme plage de valeurs, aucune racine carrée n'est définie pour les nombres négatifs. Les nombres imaginaires avaient été introduits en mathématiques pour répondre à un besoin pratique, et les nombres complexes sont utilisés dans certains domaines comme par exemple en physique quantique et en ingénierie électrique ; or, dans ces cas d'application ils servent seulement comme une sorte d'aide au calcul. En revanche, le problème de la gravité quantique nous montre que pour la métrique de l'espace-temps, les nombres imaginaires ne peuvent pas trouver d'application, et la racine carrée des nombres négatifs n'est donc pas définie.

Comme il avait été expliqué au **chapitre 3,** c'était Hermann Minkowski qui après sa découverte des intervalles d'espace-temps voulait construire un continuum sur cette base, et il n'était pas prêt à accepter que la métrique lorentzienne n'admettait pas des intervalles d'espace-temps genre espace. Là où le domaine de définition de sa métrique se terminait parce qu'elle fournissait des carrés négatifs, il inversait simplement la métrique, et pour justifier ceci, il introduisait la distinction entre les intervalles genre temps et genre espace.

Un problème analogue survient en relativité générale quand on essaie d'étendre l'espace-temps à l'intérieur des horizons des événements des trous noirs, bien que l'horizon représente la limite spatiale et temporelle de notre espace-temps, et la dilatation du temps devient imaginaire à l'intérieur ; cette pratique avait été initiée par Penrose en 1969 dans le contexte de la description de la ligne d'univers d'un observateur à l'approche d'un horizon (voir **chapitre 5**).

Le premier fait aboutissait à l'hypothèse erronée que l'espace-temps (courbe) était une partie inséparable de la relativité générale, générant le problème de la gravité quantique, et le deuxième point était le motif de multiples tentatives dépourvues de succès de comprendre les trous noirs. Pourtant, ce ne sont pas les auteurs respectifs auxquels il faut reprocher ces erreurs, car ils comptent parmi les grands pionniers de leur domaine. L'effet désastreux était plutôt dû au fait que ni les contemporains ni la postérité n'avaient remarqué le défaut de fondement de ces concepts.

Pourtant, ce n'est pas que le problème des nombres imaginaires n'ait pas été identifié, comme il avait été démontré par la suite par la pratique de renoncer à l'extraction de la racine, par exemple en définissant la métrique dans un mode abstrait et peu intuitif comme un carré, tout en admettant des carrés négatifs. Le fait que le domaine de définition de l'espace-temps se termine en cas de carrés négatifs - peu importe si on extrait la racine ou si on laisse le carré - avait malheureusement été ignoré.

La métrique de l'espace-temps s'arrête à l'extérieur des cônes de lumière, d'autant plus qu'il ne se passe rien de bien physique dans cette zone puisque la limitation de vitesse c s'y applique. - De la même façon, rien ne se passe au-delà de l'horizon des événements, ce que nous avons vu au **chapitre 5**, car il représente la ligne de simultanéité de l'infini de l'espace-temps. Ici aussi, la dilatation du temps

$$C = \frac{d\tau}{dt} = \sqrt{1 - \frac{r_s}{r}}$$

devient imaginaire.

C'est un exemple caractéristique de la différence entre les mathématiques et la physique : Depuis le développement des nombres imaginaires, il n'y a aucun doute qu'il est mathématiquement possible de calculer la racine carrée même pour les nombres négatifs. En revanche, c'est le rôle de la physique de reconnaître les cas dans lesquels des raisons physiques s'opposent à la prise en compte de résultats imaginaires ou complexes, et il reste à voir si la physique théorique se penchera un jour sur cette problématique.

Remerciements

L'auteur tient à exprimer sa gratitude à tous ceux qui ont contribué à la préparation de ce livre par leurs conseils, leurs commentaires, leurs questions et leurs réponses.

Ce livre n'aurait pas pu voir le jour sans les éclaircissements contenus dans la série de vidéos sur la physique théorique du professeur Leonard Susskind[22].

---

[22] Cf. youtube, Leonard Susskind, Lectures on Physics (Stanford)

Index